高等院校计算机类规划教材

全国高等院校计算机基础教育研究会立项项目成果

计算机技术与人工智能基础实验教程

主编 武 岳 王振武 赵学军

北京邮电大学出版社

www.buptpress.com

内 容 简 介

本书遵照教育部《关于进一步加强高校计算机基础教学的意见》的指示精神和要求,根据高校计算机基础教育的特点和计算机基础教学的实际情况编写而成。本书主要以巩固大学生的计算机基础知识和提高大学生实践能力为最终目的。

本教材共 6 章,主要内容包括:Windows 7、Word 2010、Excel 2010、PowerPoint 2010、Python 基础实验。书中主要介绍计算机常用软件的操作以及 Python 程序设计的基础实践,重点强调对学生计算机应用能力的培养以及综合能力的锻炼。本书前 5 章附有大作业,以加强学生对计算机基础知识的理解,培养学生的创新意识。

本教材可作为高等院校计算机基础课程的实验教材,也可供计算机行业相关的从业人员参考。

图书在版编目(CIP)数据

计算机技术与人工智能基础实验教程 / 武岳,王振武,赵学军主编. -- 北京:北京邮电大学出版社,2020.6(2023.7 重印)

ISBN 978-7-5635-6040-0

Ⅰ.①计… Ⅱ.①武… ②王… ③赵… Ⅲ.①电子计算机—教材②人工智能—教材 Ⅳ.①TP3 ②TP18

中国版本图书馆 CIP 数据核字(2020)第 062685 号

策划编辑:彭 楠　　责任编辑:王晓丹　左佳灵　　封面设计:七星博纳

出版发行:北京邮电大学出版社
社　　址:北京市海淀区西土城路 10 号
邮政编码:100876
发 行 部:电话:010-62282185　传真:010-62283578
E-mail:publish@bupt.edu.cn
经　　销:各地新华书店
印　　刷:保定市中画美凯印刷有限公司
开　　本:787 mm×1 092 mm　1/16
印　　张:9.25
字　　数:230 千字
版　　次:2020 年 6 月第 1 版
印　　次:2023 年 7 月第 4 次印刷

ISBN 978-7-5635-6040-0　　　　　　　　　　　　　　　　　定价:28.00 元

· 如有印装质量问题,请与北京邮电大学出版社发行部联系 ·

前　　言

　　本书主要根据教育部《关于进一步加强高校计算机基础教学的意见》,针对计算机基础学习的基本要求,以及目前高等院校计算机基础课程的教学实际编写而成。

　　在如今的信息化社会中,计算机技术飞速发展并具有广泛的应用。信息社会、智慧时代对高校的人才培养和高校的计算机教育提出了更高的要求。大学计算机基础课程,由于其特点及重要性,决定了它一直是我国高等院校的主干课程,处于高校公共基础课程的地位,倍受重视,因此,我们依托现代计算机教育技术和思想,针对目前计算机的发展现状以及学生的实际情况,汲取兄弟院校的教学经验及我校计算机基础教育的教学经验,编写了这套"计算机技术及人工智能基础"课程教材。其目的是使学生了解计算机传统技术及前沿技术的基础知识,掌握在当今社会生活与学习工作中必备的计算机基础知识与基本的操作技能,培养学生的计算思维能力以及在人工智能基础理论方面具有基础性和先导性的信息素养,提高学生运用计算机知识和技术解决各专业领域实际问题的能力,提升学生对人工智能的整体认知和应用水平,拓展学生的知识视野,为学生后续课程的学习做好铺垫,以满足社会对人才培养的需求。

　　我校计算机公共基础课程——"计算机技术及人工智能基础"的教材包括《计算机技术与人工智能基础》及与之相配套的实验教材《计算机技术与人工智能基础实验教程》。《计算机技术与人工智能基础》侧重于介绍计算机技术的基本概念、基本原理、计算机前沿技术的理论及当今应用广泛的 Python 语言,可进一步夯实大学生计算机技术的基础理论知识,拓展大学生计算机技术的应用视野,培养大学生利用计算机知识和技术分析并解决实际问题的能力。《计算机技术与人工智能基础实验教程》教材,注重对学生计算机技术的应用实践能力的培养,使学生可以在掌握基本概念和基本理论的基础上参阅实践教材进行上机实践。本系列教材旨在培养学生计算机应用的综合素质,为各专业学生使用计算机这个现代化信息处理工具来解决各自研究领域的计算机应用问题打下良好的基础。

　　本书根据教师多年的教学实践经验,精心安排了各个章节,编排顺序合理,重点突出,有利于学生循序渐进,逐渐深入地学习,从而加深学生对计算机基本概念的理解,普及计算机基础技术。

　　本书共 6 章,主要内容分别是 Windows 7、Word 2010、Excel 2010、PowerPoint 2010、Python 基础实验。

　　作者建议本套书的教学课时如下:课堂教学 40 学时,上机实践 24 学时。

1

本书由武岳、王振武及赵学军任主编,负责全书的统稿工作,各章分工如下:第1章由赵学军编写;第2章、第3章、第4章、第5章由武岳编写;第6章由王振武及杨威编写。

最后,对多年来关心支持本书和本书作者的领导和朋友们表示由衷的感谢。尤其对中国矿业大学(北京)的学校领导、教务处领导、机电学院领导和计算机系领导及基础课程任课教师的关心和大力支持表示感谢!

由于作者水平有限,书中的错误和问题在所难免,恳请专家和读者批评指正。

作 者

2020 年 3 月 1 日于中国矿业大学(北京)

目　　录

第 1 章　Windows 7

Windows 7(以下简称 Win 7)是微软公司于 2009 年推出的电脑操作系统,可以提供给个人、家庭及商业使用。一般情况下,Win 7 可安装于笔记本电脑、平板电脑、台式电脑等中。Win 7 系统包含多种版本:简易版、家庭普通版、家庭高级版、专业版、旗舰版、企业版以及纪念光盘等。Win 7 的设计重点主要围绕 5 个方面:针对笔记本电脑的特有设计;基于应用服务的设计;用户的个性化;视听娱乐的优化;用户易用性的新引擎。这些新功能使 Win 7 的操作比 Windows 系统的其他版本更加方便和快捷。

📖 知识储备

1. 桌面

打开电脑电源,等待开机之后,会出现 Win 7 的桌面,如图 1-1 所示。

图 1-1　桌面

如图 1-1 所示,桌面左边有几个图形,这些图形为 Win 7 的"图标"(如"计算机""网络""回收站"等)。除了这些系统自带的图标以外,用户还可以把自己常用的应用程序以及文件(夹)建立为快捷方式(为用户提供找到原文件的路径),放在桌面上以便快捷使用。文件快捷方式的图标与普通的图标有一定区别,即在一般图标的左下角多出一个小箭头,如图 1-2 所示。在桌面的最下面为任务栏,任务栏分为"开始"按钮、快速启动区、活动任务区、语言输入法区以及系统区。在任务栏的最左侧有一个图标"",这个图标即为"开始"按钮。单

击"开始"按钮,就可以打开"开始"菜单,如图 1-3 所示。在开始菜单中,左边的上部分包含

一些被锁定的程序,这个列表里的程序不会因为程序不常用而被其他程序替换掉。左边的下部分,也包含了一些常用的程序,这个列表中的内容会随时根据程序的使用频率而变换。左下角有一个"所有程序",如果将鼠标光标放到"所有程序"上就会显示计算机上的所有程序。在"所有程序"的下面有个

图 1-2　快捷方式

搜索框可以搜索计算机上的所有程序和文件。

图 1-3　"开始"菜单

2. 窗口与对话框

"窗口"是 Win 7 系统中的重要组成部分。双击某一个应用程序或文件的图标都会弹出一个相应的窗口,如图 1-4 所示。

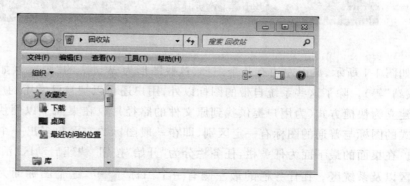

图 1-4　"回收站"窗口

对话框在 Win 7 系统中也是极其常见的,通过对话框,可以使 Win 7 系统与用户良好地进行交互,系统会从对话框中得到用户需要的操作及操作参数等信息。用户可以使用对话框清晰地指出系统中程序的执行方式。在图 1-5 中显示的是在 Word 程序中对段落进行格式设置的对话框。

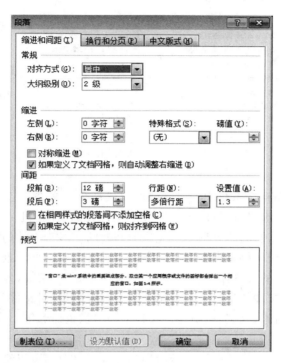

图 1-5　Word 中设置段落格式的对话框

3. "计算机"

"计算机"在之前的 Windows XP 系统中被称为"我的电脑",是计算机所有文件和资源的所在地,同时也是访问和管理计算机数据和资源的重要工具。打开"计算机"之后,可以看到硬盘分区。一般地,把像 Win 7 这样的操作系统安装于本地磁盘(C:)中,而其他几个磁盘分区可供用户安装自己所需要的程序以及存储文件。除此以外,在"计算机"窗口中,还可以显示出可移动的设备名称、其他设备名称以及便携设备名称。

4. 回收站

当用户从磁盘删除某些文件或文件夹,这些被删除的文件和文件夹就会出现在"回收站"里,但是,在这里出现的文件不是真的被删除了,而是被暂时寄存在"回收站"中。如果用户想彻底删除"回收站"里的文件,需要在"回收站"里再次删除该文件(从"回收站"中删除的文件将永久不能被恢复)。"回收站"里的文件不会被真正删除,以便用户可以重新找回并使用。

5. 控制面板

顾名思义,控制面板的功能就是调整该计算机的设置。用户可以通过控制面板中的一些操作进行软件卸载,或者对各个硬件设备进行设置和管理,设置计算机用户账户、管理有关网络连接的各个功能等。控制面板的主界面如图 1-6 所示。

图1-6　"控制面板"主界面

6. 文件与文件夹

文件与文件夹是 Win 7 系统中不可或缺的组成部分。文件是各类文档和程序的总称。文件夹可以由各种文件组成,也可以包含许多子文件夹。"计算机""回收站"等系统自带的文件夹称为系统文件夹,它们的名称是不允许被修改的。对于文件的名字来说,通常由文件名和文件扩展名构成,这两部分由"."分隔开来,文件扩展名是用来标识文件类型以及创建该文件的程序的。常见的文件扩展名有"exe""doc""mp3""txt"等,分别是可执行文件、文档文件、音乐文件及文本文件的扩展名。在 Win 7 中,用户可以对文件和文件夹进行一些系统允许的操作,如选择、新建、复制、粘贴、剪切、移动、发送、重命名等。

7. 附件

在 Win 7 中,还提供了一些大家经常会用到的程序,例如,可以绘制图像的"画图"、用于调节音量大小的"音量控制"、用于播放视频和音频的"媒体播放器"、用于输入文字的"记事本"以及用于简单计算和科学计算的"计算器"等。

"画图"可用于在空白绘图区域或现有图片上绘图。在"画图"中很多绘图工具都可以在"功能区"中找到,"功能区"位于"画图"窗口的顶部。

"记事本"是一个基本的文本编辑程序,常用于查看或编辑文本文件。文本文件通常是由"txt"文件扩展名标识的一类文件。

"媒体播放器"Windows Media Player 提供了直观易用的界面,可以用于播放数字媒体文件、整理数字媒体收藏集,可供用户将自己喜爱的音乐刻录成 CD,或从 CD 翻录音乐,还可将数字媒体文件同步到便携设备,并且用户可从在线商店购买数字媒体内容。

"计算器"可以用于进行如加、减、乘、除这样简单的运算。"计算器"还提供了编程计算器、科学型计算器和统计信息计算器的高级功能。用户可以单击计算器按钮来执行计算,或者使用键盘键入进行计算。通过 Num Lock 键,用户还可以使用数字键盘键入数字和运算符。

8. 使用菜单

大多数程序包含几十个甚至几百个命令(操作),其中很多命令组织在菜单中。就像餐厅的菜单一样,程序菜单也显示选择列表。为了使屏幕整齐,通常会隐藏这些菜单,只有在标题栏下的菜单栏中单击菜单标题之后才会显示菜单。

若要选择菜单中所列出的一个命令,应单击该命令。有时在单击后会弹出对话框,用户可以从中选择其他选项。如果命令不可用且无法单击,则该命令以灰色显示。

一些菜单项目中包含了次级菜单。在下面的图片中,当光标指向"新建"时,会打开一个子菜单,如图 1-7 所示。

图 1-7　有些菜单命令中包含次级菜单

如果没有看到想要的命令,请尝试查找其他菜单,可以沿着菜单栏移动鼠标指针,次级菜单会自动打开,无须单击菜单栏。若要在不选择任何命令的情况下关闭菜单,单击菜单栏或窗口的其他任何位置即可。

菜单的识别并非总是易事,因为并不是所有的菜单控件外观都相似,甚至有的菜单不会显示在菜单栏上。那么如何发现这些菜单呢?若菜单控件旁边有一个箭头时,则说明可能会有菜单控件,如图 1-8 所示。

图 1-8　菜单控件示例

9．使用滚动条

当文档、网页或图片超出窗口大小时,窗口的左侧和下侧会出现滚动条,可用于查看当前处于视图之外的信息。使用滚动条时,单击上下滚动箭头可以小幅度地上下滚动窗口内容。若在上下滚动箭头上,长按鼠标左键,则可连续滚动窗口内容。单击滚动框上方或下方滚动条的空白区域可上下滚动一页。上下左右拖动滚动框可在该方向上滚动窗口。如果鼠标有滚轮,则可以用它来滚动文档和网页。若要向下滚动,请向后(朝向自己)滚动滚轮。若要向上滚动,请向前(远离自己)滚动滚轮。水平滚动条和垂直滚动条示例如图 1-9 所示。

1．水平滚动条　　2．垂直滚动条

图 1-9　水平滚动条和垂直滚动条

10．使用按钮

(1)命令按钮

单击命令按钮会执行一个命令(执行某操作)。我们在对话框中会经常看到命令按钮,对话框是包含完成某项任务所需选项的小窗口。例如,如果没有先保存"画图"程序中的图片就将程序关闭,那么可能会看到这样的对话框,如图 1-10 所示。

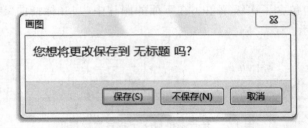

图 1-10　带有 3 个按钮的对话框

若要关闭图片,必须首先单击"保存"或"不保存"按钮。单击"保存"则会保存图片和所做的所有更改,单击"不保存"则删除图片并放弃所做的所有更改。单击"取消"则关闭对话框并返回到程序。按 Enter 键的作用与单击选中(带有轮廓的)命令按钮的作用相同。除对话框之外,命令按钮的外观各有不同,因此,有时我们很难确定到底其按钮是不是命令按钮。例如,命令按钮会经常显示为没有任何文本或矩形边框的小图标(图片)。确定是否是命令按钮最可靠的方法是将指针放在按钮上面,如果按钮被"点亮"并且带有矩形边框,则它是命令按钮。大多数按钮还会在指针指向自己时显示一些有关功能的文本。

(2) 选项按钮

选项按钮可供用户在两个或多个选项中选择一个选项。选项按钮经常出现在对话框中。图 1-11 显示了两个选项按钮。"彩色"选项处于选中状态。

图 1-11　选项按钮

若要选择某个选项,请单击该选项对应的按钮,并且只能选择一个选项。

11. 桌面小工具

Windows 中包含称为"小工具"的小程序,这些小程序可以为用户提供即时信息以及可轻松访问常用工具的途径。例如,用户可以使用小工具显示图片幻灯片、查看不断更新的标题或查找联系人。

桌面小工具可以保留信息和工具,供用户随时使用。例如,用户可以在打开程序的旁边显示新闻标题。这样,如果要在工作时跟踪发生的新闻事件,则无须停止当前工作就可以切换到新闻网站。

用户可以使用"源标题"小工具显示所选源中最近的新闻标题,而且不必停止处理文档,因为标题始终可见。如果用户看到感兴趣的标题,则可以单击该标题,Web 浏览器就会直接打开其内容。

实验

实验 1-1　熟悉 Windows 7

1. 实验目的

（1）掌握 Win 7 系统的一些基本操作。

（2）掌握 Win 7 系统桌面的基本操作。

（3）熟练掌握"开始"菜单以及"任务栏"的使用方法。

（4）掌握"回收站"的基本操作。

2. 实验内容和步骤

1）Win 7 系统的启动与关闭

（1）按主机箱上的电源按钮，等待开机之后自动启动 Win 7 系统，若设置了密码则输入密码，进入系统桌面；若没有设置密码，则可以直接进入系统桌面。

（2）在桌面上，单击"　"图标，打开"开始"菜单，如图 1-3 所示。在开始菜单中单击"关机"按钮即可关闭 Win 7 系统并关机，还可以单击"关机"按钮旁边的"　"以实现"重启"等操作功能。请同学们练习"切换用户""注销""锁定""重新启动""睡眠"等操作。

2）桌面的操作

（1）显示桌面图标

进入 Win 7 桌面以后，一般桌面上会显示系统自带的图标，如"计算机""回收站"等，如图 1-12 所示。如果读者不希望桌面显示这些图标，可以在桌面空白位置右击鼠标，当鼠标移动到"查看"菜单项上时，其子菜单中会出现"显示桌面图标"选项，单击该选项之后，桌面上的图标就不会显示出来了。

图 1-12　桌面

（2）桌面图标的排列

在桌面空白位置右击鼠标，当鼠标移动到"排列方式"菜单项上时，在相应的子菜单中会出现"名称""大小""项目类型"和"修改日期"4个选项。请同学们分别单击上述4个选项，并且观察单击之后桌面图标排列的变化。

（3）在桌面新建文件

在桌面空白处右击鼠标，在菜单项中选择"新建"→"文本文档"，之后在键盘上按"回车"键或者直接单击鼠标，就可新建一个名为"新建文本文档"的 txt 文件。

（4）桌面图标的操作

① 长按鼠标左键拖动某一个图标，实现图标的移动操作。

② 右击上一步新建的"新建文本文档"，选择"删除"，则可以删除该文件图标。

3）使用"开始"菜单及"任务栏"

（1）使用"开始"菜单打开"计算器"

① 在桌面上单击"⚫"，打开"开始"菜单，单击"开始"菜单左下角的"所有程序"，然后在子菜单中选择"附件"。

② 在"附件"子菜单中，单击"计算器"。

③ 利用"计算器"进行计算。

（2）"任务栏"（即桌面的最下面一栏）的相关设置及使用

① 右击任务栏空白处，在弹出的快捷菜单中单击"属性"，如图 1-13 所示。找到"屏幕上的任务栏位置"，在下拉菜单中选择"右侧"，单击"确定"，观察任务栏在桌面上位置的变化，然后利用相同的方法把任务栏的位置设置成原来的"底部"。

图 1-13　任务栏属性

② 右击任务栏空白处，然后单击"属性"，如图 1-13 所示。找到"通知区域"，单击"自定义"，然后找到"音量"，如图 1-14 所示，在相应的下拉菜单中选中"隐藏图标和通知"，然后单击"确定"。观察任务栏右下角音量图标的变化。用同样的方法可以隐藏其他图标以及相应

的通知。

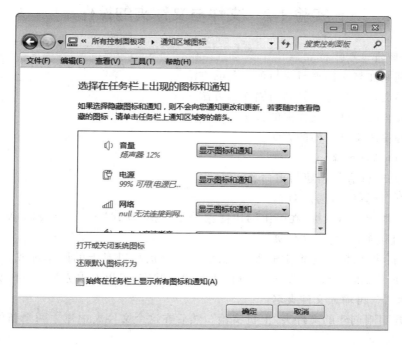

图 1-14　"通知区域"的"自定义"窗口

③ 单击任务栏右下角的时间和日期,在出现的界面中单击"更改日期和时间设置",然后在弹出的对话框中单击"更改日期和时间",随意修改日期和时间后,单击"确定"。在"时区"区域中单击"更改时区",在下拉菜单中选择"(UTC＋01:00)中非西部",单击"确定"。观察日期和时间的变化。

4)回收站的相关操作

(1)双击"回收站"图标。

(2)找到在以前的步骤中删除的"新建文本文档",右击该图标,在弹出的菜单中单击"还原",返回 Win 7 桌面观察效果。

(3)依照之前实验步骤,再次把"新建文本文档"删除到回收站中。

(4)打开"回收站",右击"新建文本文档",选择"删除"。若想批量彻底删除回收站中的文件,也可以在回收站窗口中单击"清空回收站"。

3.实验练习

(1)分别按"项目类型""修改日期""大小""名称"排列桌面图标。

(2)使用"开始"菜单打开任意一个程序。

(3)打开"回收站",在其中进行文件的删除和还原,然后关闭"回收站"。

(4)修改计算机的日期和时间。

(5)按横向或者纵向任意改变窗口的大小。

实验 1-2　文件与文件夹的操作

1．实验目的

(1) 掌握文件与文件夹新建与重命名的方法。

(2) 掌握文件与文件夹复制与删除的方法。

(3) 掌握查找文件与文件夹的方法。

(4) 掌握更改文件属性的方法。

2．实验内容与步骤

1) 文件与文件夹的新建与重命名

(1) 打开"计算机"，选择 D 盘。

(2) 在空白处右击鼠标，在弹出的快捷菜单中选择"新建"→"文件夹"，单击鼠标，或者在窗口上方直接单击"新建文件夹"。

(3) 在"新建文件夹"方框中输入"上机实验"，之后按键盘上的回车键或者用鼠标在空白处单击一下。如果"新建文件夹"方框已不是输入状态，可以右击方框，在弹出的快捷菜单中选择"重命名"，再输入文件夹名。

(4) 打开刚刚创建的文件夹"上机实验"，然后在这个文件夹中建立两个新的子文件夹，分别命名为"实验一""实验二"。

(5) 打开文件夹"实验一"，在空白处右击鼠标或者直接在窗口上方单击文件，在弹出的快捷菜单中选择"新建"→"文本文档"，单击鼠标，在"新建文本文档"方框中输入名称"文本一"。

(6) 使用同样的方法在文件夹"实验二"中新建一个 Word 文档，并且命名为"文档二"。

2) 文件与文件夹的复制与删除。

(1) 打开在上一步中创建的文件夹"实验二"，选中 Word 文档"文档二"，然后右击鼠标，在弹出的快捷菜单中单击"复制"（Ctrl＋C）。

(2) 打开文件夹"实验一"，在空白处右击鼠标，在弹出的快捷菜单中单击"粘贴"（Ctrl＋V）。

(3) 在文件夹"实验一"中找到"文本一"，右击"文本一"，在弹出的快捷菜单中单击"删除"，或者直接选中"文本一"，然后按键盘上的"Delete"键。

3) 查找文件与文件夹

(1) 双击"计算机"。

(2) 在"计算机"窗口右上部分的搜索框中输入"实验二"，按下回车键，搜索框如图 1-15 所示。

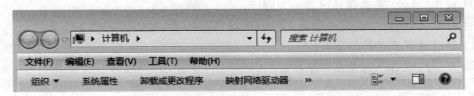

图 1-15　搜索框

（3）一段时间以后，"计算机"窗口中就会出现搜索结果，如图 1-16 所示。

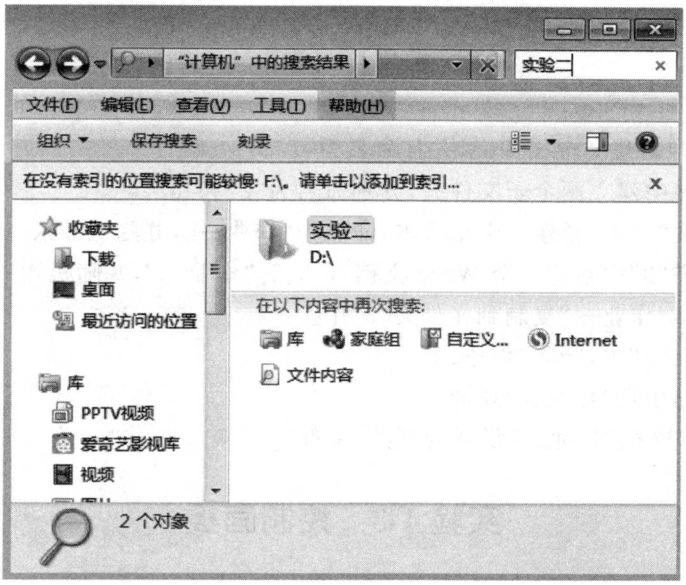

图 1-16　搜索结果

4）更改文件属性

（1）打开"计算机"中的 D 盘。

（2）双击"实验一"。

（3）右击"文档二"，在弹出的快捷菜单中单击"属性"，打开"属性"对话框。

（4）在对话框中找到"属性"相应的区域，在"只读"和"隐藏"前面的复选框中打钩。

（5）单击"应用"之后再单击"确定"按钮，即可完成对文件属性的修改。

若要显示被隐藏的文件，需要按以下步骤操作（这里以之前被隐藏的"文档二"为例）。

① 打开被隐藏文件所在的文件夹，此处应打开"实验一"。

② 在窗口中菜单栏单击"工具"，然后在选项中单击"文件夹选项"。

③ 在选项卡中单击"查看"，在"查看"对话框中选中"显示隐藏的文件、文件夹和驱动器"，如图 1-17 所示。

④ 单击"确定"。

⑤ 显示出来的"文档二"如图 1-18 所示。

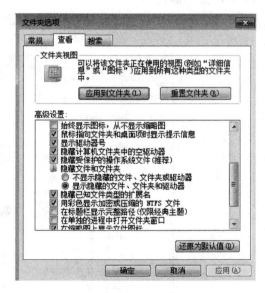

图 1-17　"文件夹选项"对话框

文档二

图 1-18 文档二

3．实验练习

（1）在 D 盘中新建一个文件夹，并且命名为"1"。

（2）在文件夹中建立两个子文件夹，分别命名为"2"和"3"。

（3）在文件夹"2"中，新建一个记事本，命名为"作业一"，并随机输入内容。

（4）在文件夹"3"中新建一个 Word 文档，命名为"作业二"，并随机输入内容。

（5）把记事本"作业一"复制到文件夹"3"中。

（6）在文件夹"3"中，删除"作业二"。

（7）从回收站中把"作业二"还原。

（8）把 Word 文档"作业二"设置为"隐藏文件"。

实验 1-3 控制面板

1．实验目的

（1）了解控制面板的功能。

（2）了解鼠标属性的设置方法。

（3）掌握用户账户设置的方法。

2．实验内容与步骤

1）更改显示器设置

（1）单击"开始"按钮，在"开始"菜单中单击"控制面板"，即可打开"控制面板"窗口，如图 1-19 所示。

图 1-19 "控制面板"窗口

（2）在"控制面板"窗口中单击"外观和个性化"。

（3）在"显示"窗口右侧，单击"分辨率设置选项"。

（4）把分辨率设置为"1280＊720"，单击"确定"。

（5）观察 Win 7 屏幕的变化，然后再将分辨率设置回原来的值。

2）卸载程序

（1）单击"开始"按钮，在"开始"菜单中单击"控制面板"。

（2）在"控制面板"窗口中单击"程序和功能"。

（3）用鼠标右击想要卸载的程序，然后单击"卸载"。

（4）完成对程序的卸载。

3）设置鼠标属性

（1）单击"开始"按钮，在"开始"菜单中单击"控制面板"。

（2）在"控制面板"窗口中单击"硬件和声音"，然后找到鼠标，如图 1-20 所示。

图 1-20　"鼠标属性"对话框

（3）在鼠标属性对话框中选择"指针"选项卡。

（4）在"方案"区域的下拉菜单中，选择"Windows Aero（系统方案）"。

（5）单击"确定"，观察效果。

（6）依照上述方法再次打开鼠标属性对话框，选择"指针选项"选项卡。

（7）找到"可见性"区域，在"显示指针轨迹"前面的方框中打钩，观察鼠标的变化。

4）查看用户账户及相关设置

（1）单击"开始"按钮，在"开始"菜单中单击"控制面板"。

（2）在"控制面板"窗口中单击"用户账户和家庭安全"。在这里，用户可以根据自己的需要创建密码、更改密码、删除密码，同时还可以更换用户登录时的图片。

3. 实验练习

(1) 打开控制面板,卸载某一程序,卸载之后重新安装该程序。

(2) 打开控制面板,更改一些鼠标属性。

(3) 进行个人账户的建立与删除操作。

实验 1-4　附件相关操作

1. 实验目的

(1) 掌握"画图"的使用方法。

(2) 掌握"记事本"的使用方法。

(3) 了解"计算器"的使用方法。

2. 实验内容与步骤

1) "画图"程序

(1) 在 Win 7 桌面上单击"开始"按钮。

(2) 单击"所有程序"。

(3) 在所有程序中单击"附件"。

(4) 单击附件中的"画图",界面如图 1-21 所示。

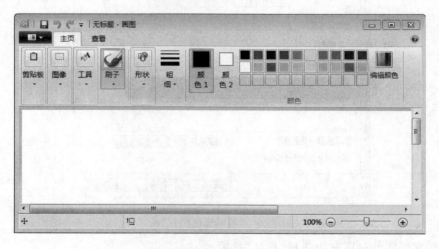

图 1-21　"画图"窗口

图 1-22　"保存"按钮

(5) 练习使用各个工具以及各种颜色完成一幅完整的图。

(6) 单击画图窗口左上方的"保存"按钮,如图 1-22 所示。

(7) 将文件名更改为"作业一"。

(8) 设置保存路径为 U 盘,然后单击"确定"。

2) "记事本"程序

(1) 在 Win 7 桌面上单击"开始"按钮。

(2) 单击"所有程序"。

(3) 在所有程序中单击"附件"。

(4) 单击附件中的"记事本",界面如图 1-23 所示。

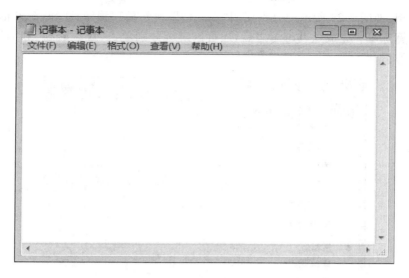

图 1-23　"记事本"窗口

（5）在"记事本"中输入一段自我介绍。

（6）单击窗口左上角的"文件"，然后单击"另存为"。

（7）之后会弹出一个对话框，如图 1-24 所示。

图 1-24　"另存为"对话框

（8）将文件名改为"作业二"，设置保存路径为 U 盘，然后单击"确定"。

3）"计算器"程序

（1）在 Win 7 桌面上单击"开始"按钮。

（2）单击"所有程序"。

（3）在所有程序中单击"附件"。

（4）单击附件中的"计算器"。另外，单击"计算器"窗口左上角的"查看"，可以选择不同的计算器模型,如图 1-25 所示。分别使用"标准型""科学型""程序员"和"统计信息"这 4 个模型进行计算练习。完成这些练习之后,还可以继续分别单击"单位转换"和"日期计算"进行相应的练习。

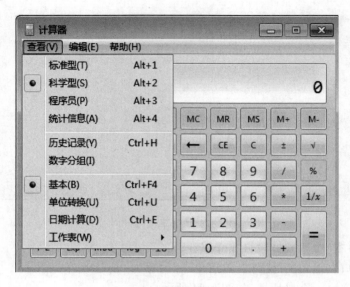

图 1-25 "计算器"的"查看"

3. 实验练习

(1) 打开"画图"程序,画一幅图,并保存,将文件名称改为"作业三"。

(2) 打开"记事本"程序,输入一段自我介绍,保存文件并更名为"自我介绍"。

(3) 使用"画图"程序设计并绘制一张贺年卡,要求如下。

① 在贺年卡中要有通过工具箱中的工具完成绘制的图形。

② 在贺年卡中使用工具箱中的"文字"工具插入"制作人:自己姓名",自选字体及字号。

③ 使用复制、粘贴功能在贺年卡中插入其他图形或图片。

④ 将制作完成的图形以自己的姓名命名,并以 bmp 格式存放在自己所建的文件夹中。

 综合大作业

(以 Windows 7 版为参考)

1. 作业一

(1) 在 E 盘中建立一个新文件夹,名称为本人的姓名(汉字姓名),在该文件夹中再建 5 个子文件夹,名称分别为"Windows""Word""Excel""PPT""net"。

(2) 将 C 盘 Windows 文件夹中以字母 C 和 T 开头的文件复制到 E 盘新建文件夹的 Windows 子文件夹中,再将 C 盘 Windows 文件夹中类型为 bmp 的文件复制到 E 盘新建文件夹的 Windows 子文件夹中。

(3) 在 C 盘上查找包含"CAL"字符的文件,将 C 盘上的 toolbar. bmp 和 tooltip. bmp 改名为 bar. bmp 和 tip. bmp,再将这两个文件的文件属性变为"只读",并采用复制和粘贴的方法将其复制到 E 盘新建文件夹的 Windows 子文件夹中。

（4）打开新建文件夹的 Windows 子文件夹，采用按 Web 页浏览的方法查看所建文件夹中的文件，并采用屏幕复制方法将该窗口复制到剪贴板上。

（5）打开"画图"应用程序，将复制到剪贴板上的内容粘贴到"画图"中，再将"画图"中的内容存盘，将文件名存为"Windows 考试"，并将其存放在"考试人姓名"文件夹的 Windows 子文件夹中，然后退出"画图"程序。

（6）在桌面上建立 Excel.exe 的快捷方式。按文件类型重新排列桌面上的对象。用快捷键将桌面抓下来，并以"桌面.bmp"为名将其保存在"考试人姓名"文件夹的 Windows 子文件夹中。

（7）通过控制面板打开"用户账户"程序，用快捷键将该窗口抓下来，以"账户.bmp"为名将其保存在"考试人姓名"文件夹的 Windows 子文件夹中。

2．作业二

（1）打开资源管理器程序窗口，完成如下操作。

① 用"大图标""小图标""列表"和"详细资料"4 种方式查看 C 盘上名称为"Program Files"的文件夹下的文件及下级子文件夹的信息。

② 按由近及远的日期顺序查看 C 盘上名称为"Windows"的文件夹下的所有文件及下级子文件夹的信息。

③ 按扩展名的字母顺序查看 C 盘上名称为"Windows"的文件夹下的所有文件及子文件夹的信息。

④ 将 C 盘文件夹 My Documents 的属性变为"只读"和"隐藏"，然后恢复原属性。

⑤ 取消状态栏和工具栏的显示，然后再恢复状态栏和工具栏的显示。

⑥ 将资源管理器右窗格按 Web 风格显示，并查看 C 盘中 Windows 文件夹下的图片文件。

（2）打开资源管理器程序窗口，完成如下操作。

① 使用"查找"命令，在本地盘上查找名为"girl"的文件，并将这些文件复制到 Student 文件夹中。

② 使用"查找"命令，在本地盘上查找文件名中包含"Word"，扩展名为"doc"的文件，并将这些文件复制到 Student 文件夹中（可用文件名＊word＊.doc查找）。

3．作业三

打开"控制面板"进行以下操作。

（1）打开"鼠标属性"对话框，改变鼠标的按钮、指针、移动的设置，再恢复到原来的设置。

（2）将桌面的墙纸设置为"安装程序"，显示方式为"拉伸"。

（3）打开"日期/时间"对话框，调整日期和时间。

4．作业四

（1）在 E 盘中建立一个新文件夹，名称为本人的姓名（汉字姓名）。

（2）将 C 盘 Windows 文件夹中以字母 C 和字母 T 开头的扩展名为"bmp"的文件复制到新建的文件夹中。

（3）在 C 盘中查找名为"Common. hlp"的文件,并采用复制和粘贴的方法将其移动到自己新建的文件夹中。

（4）打开以上自己所建的文件夹,并采用屏幕复制方法将当前的资源管理器窗口复制到剪贴板上。打开"画笔"应用程序,将复制到剪贴板上的内容粘贴到"画笔"中,将"画笔"中的内容存盘,将文件名存为本人姓名(汉字姓名),并存放在自己所建的文件夹中。

第 2 章　Word 2010

　　Word 2010,最显著的变化就是"文件"菜单代替了 Word 2007 中的 Office 菜单,使用户更容易从 Word 2003 或者 Word 2000 等较旧的版本中适应过来。另外,Word 2010 和 Word 2007 一样,都取消了传统的菜单模式,取而代之的是各种功能区。在 Word 2010 窗口上方看起来像菜单的名称其实是功能区的名称,当用户单击这些名称时并不会打开菜单,而是切换到与之相对应的功能区面板。

　　Word 2010 的功能区主要分为以下几大类:文件功能区、开始功能区、插入功能区、页面布局功能区、引用功能区、邮件功能区、审阅功能区和视图功能区。其中文件功能区的主要作用是打开或关闭文件、保存及另存为文件和新建文件等;开始功能区的主要作用是设置字体、段落格式、设计文档样式等;插入功能区的主要作用是可以在文档中插入表格、图片,以及设置页眉页脚等;页面布局功能区的主要作用是对页面进行设置;引用功能区的主要作用是设置脚注、题注、索引,以及插入目录等;邮件功能区的主要作用是创建信封、合并邮件等;审阅功能区的主要作用是对文档进行校对、修订等;视图功能区主要用于选择以什么样的文档视图方式查看。

📖 知识储备

1. 认识 Word 2010

　　Word 是一种文字处理工具,从"开始"菜单中单击 Word 图标则会打开 Word 2010,出现如图 2-1 所示的界面。

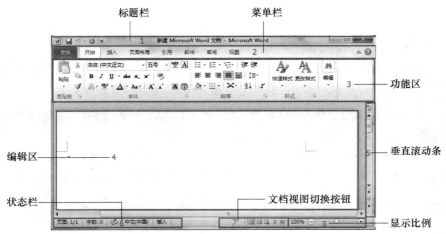

图 2-1　Word 2010 界面

（1）标题栏

标题栏位于整个 Word 窗口的最上方。

标题栏可分为 3 个小的区域：最左边包含 Word 图标、保存按钮、撤销恢复快捷键以及自定义快速访问工具栏，其中自定义快速访问工具栏可以添加快速访问项，如图 2-2 所示。标题栏中间部分为该文档的名字，右边为"关闭"按钮、"最大化"和"最小化"按钮。

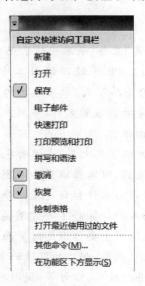

图 2-2　自定义快速访问工具栏

（2）菜单栏

菜单栏位于标题栏的下方，它实际是一种树形结构，软件大多数功能的入口都在菜单栏中。单击菜单栏以后，即可看到其包含的功能。Word 2010 中的菜单栏是由文件、开始、插入、页面布局、引用、邮件、审阅和视图组成的，如图 2-3 所示。

图 2-3　菜单栏

（3）功能区

功能区是由菜单栏所决定的，选择不同的菜单选项卡功能区中则会出现不同的功能。例如，"开始"选项卡则对应着"开始"菜单中的相关功能，如图 2-4 所示。

图 2-4　"开始"菜单

（4）编辑区

编辑区也称文本区，又称文档窗口，位于窗口中间的空白处，用于编辑文档。它包括插入点、"I"形鼠标指针、段落结束标志 3 个标志。

编辑区是 Word 文档中进行文本输入、排版、编辑、修改等工作。

（5）垂直滚动条

窗口的右侧有一个垂直滚动条，拖动它可以调整文档的位置。单击滚动条上的滚动箭头，可以使屏幕上下滚动，迅速到达要显示的位置。

当窗口变小或者需要在窗口的左边或右边显示其他的功能时，窗口的下方也会出现滚动条。例如，在窗口左边需要显示导航而右边需要显示剪贴画，则窗口的正文下方会有水平滚动条出现。

（6）状态栏

窗口的最下方是状态栏，用来显示当前页的状态，包括当前页数/总页数、字数、语言状态（中文或者其他文）、编辑状态（插入、改写）。

（7）文档视图切换按钮

文档视图即显示当前文档的方式，它分为页面视图、阅读版式视图、Web 版式视图、大纲视图和草稿，以便达到使用者的要求。

（8）显示比例

显示比例即以何种比例大小来显示当前文档。

2．创建文档

使用 Microsoft Word 2010 处理文档与新建文档一样简单。用户可以打开一个已经存在的文档，也可以新建一个文档。在文件功能区中可以找到相关的操作按钮。例如，若要新建一个文档，则应先单击"文件"菜单项，再选择"新建"选项，随即会出现如图 2-5 所示的界面。这时再单击"空白文档"即可新建一个文档。

图 2-5　新建文档

3. 添加标题

在 Word 中添加标题的最佳方法是应用样式。用户可以使用内置样式，也可以自定义样式。在"开始"选项卡上的"样式"组中，我们可以看到标题样式。单击这个按钮" "可以展开更多的标题样式，如图 2-6 所示。

图 2-6 "样式"对话框

4. 调整行间距或段落间距

行间距是指从一行文字的底部到另一行文字底部的间距。在 Microsoft Word 中，行间距是指设置文本行与行之间的距离，用户可设置单倍行距、1.5 倍行距、2 倍行距、最小值行距、固定值行距和多倍行距。段间距主要是指 Microsoft Word 或 WPS 软件中段落与段落之间的距离。

5. 插入图片或剪贴画

用户可以将多种来源的图片和剪贴画插入或复制到文档中。Word 2010 在"插入"选项卡的插图组中提供了图片、剪贴画的操作。

Word 2010 中包含一个"Microsoft 剪贴库"，该库中包含了大量的图片及其他多媒体片段，其中图片的种类包罗万象，有地图、人物、建筑、风景名胜等。除了剪贴库中的图片外，用户还可以在文档中插入其他通用的图形文件，如位图文件等。用户也可以使用 Windows 的剪贴板插入图形，即将其他应用程序创建的图形粘贴到 Word 文档中。插入图片或剪贴画的按钮如图 2-7 所示。

用户可以对插入的图形进行编辑，例如，设定图形的颜色和线条，更改图片的大小，移动图片以及剪裁图片等。

图2-7　"图片"和"剪贴画"

6. 页眉、页脚和页码

为获得最佳结果，首先必须要确定是仅需文档显示页码，还是需要在页眉或页脚中同时显示信息和页码。如果仅仅需要页码，而不需要任何其他信息，请直接添加页码。如果需要页码及其他信息，或者仅需要其他信息，请添加页眉或页脚。

7. 创建目录

用户可通过对包括在目录中的文本应用标题样式（如标题 1、标题 2 和标题 3）来创建目录。在 Microsoft Office Word 中搜索这些标题，然后在文档中插入目录。目录有手动目录和自动目录。手动目录即为插入目录后，手动添加各标题名称；自动目录则根据文档的标题样式自动产生，无须手动更改和填写。

实验 2-1　创建文档

1. 实验目的

（1）熟练掌握新建文档，熟悉 Word 2010 的界面。

（2）熟练掌握打开已存在文档的方法。

（3）熟练掌握保存当前文档的方法。

（4）掌握文本输入和文档编辑的方法。

2. 实验内容和步骤

1）创建一个新的文档

单击"文件"→"新建"，则可以新建文档。新建的文档默认标题名称为"文档1"，并自动以"文档1"作为当前文档的文件名。用户可根据需要对其重命名，也可以按照以下步骤新建文档。

（1）单击"文件"选项卡，如图 2-8 所示。

图 2-8　"文件"选项

（2）单击"新建"项。

（3）双击"空白文档"，如图 2-9 所示。

图 2-9　空白文档

此外,Word 2010 提供了一些预先设计的模板供用户使用。模板就是文档的基本框架和套用样板,使用模板可以快速生成一种类型文档的基本框架。模板是一种文件扩展名为"dotx"的 Word 文档,它可以被其他的 Word 文档所利用。用户可以根据自己的需要创建模板,创建模板最简单直接的方法是将现有的 Word 文档保存为扩展名为"dotx"的模板文档。

以下是从模板创建文档的相关步骤。

① 单击"文件"选项卡。

② 单击"新建"。

③ 如图 2-10 所示,在"可用模板"下,执行下列操作之一即可:

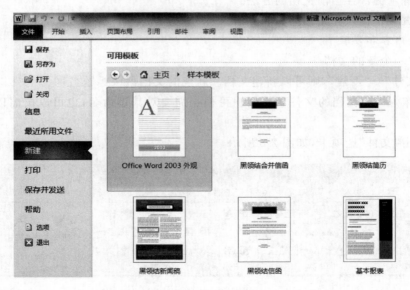

图 2-10　通过模板创建文档

a. 单击"样本模板"(图 2-10 中右上角)以选择计算机上的可用模板;

b. 单击 Office.com 下的链接之一。

2）打开文档

在 Word 2010 中有多种方式可以打开一个已经存在的文档并进行浏览或编辑。

方式 1：

（1）单击"文件"选项卡。

（2）单击"打开"，如图 2-11 所示。

图 2-11　打开文档

方式 2：利用"Ctrl＋O"组合键来打开文档。

方式 3：在"我的电脑"或"资源管理器"中，通过双击已存在的 Word 文件名来打开文档。

3）保存文档

保存文档是为了将已经录入或已编辑好的文档保存到磁盘供以后使用。

（1）单击"文件"选项卡。

（2）单击"保存"命令，如图 2-12 所示。

图 2-12　保存文档

此外，还可以用"Ctrl＋S"组合键来保存文档。如果保存的是新文档，选择"保存"命令后会打开"另存为"对话框，如图 2-13 所示。这时 Word 2010 会要求用户为新文档指定存放位置和文件名，Word 会自动赋予文档"docx"的扩展名。如果保存的是已经保存过的文档，则选择"保存"后会将修改的新内容保存到原文档中。

4）输入文本

在 Word 编辑区中我们可以直接输入文本，文本输入后，会显示在屏幕上，并且光标自动后移。当输入的文本满一行时，Word 会自动换行。

文本输入不限制必须要从文档的第一行开始，在页面的任意位置单击鼠标，都可以从该处开始输入，也就是"即点即输"。

图 2-13　"另存为"对话框

3．实验练习

创建一个新的文档，内容自定，要求如下。

（1）创建新的文档，并对其命名。

（2）输入 2～3 个自然段的文字。

（3）对文档进行保存操作。

（4）重新打开已经存在的新建文档。

实验 2-2　Word 2010 文档排版

1．实验目的

（1）熟练掌握字体的格式化，包括字形、字号、字体颜色、字体样式、文字效果以及艺术字的插入等。

（2）熟练掌握段落格式的设计，包括段落缩进、段落对齐、段间距、换行等。

（3）掌握分栏效果的设置。

（4）掌握项目符号和编号等的设置。

2．实验内容和步骤

1）字体格式化

新建一个空白文档，输入以下内容：

《皇家园林》

中国园林的特点就是都具有自然山水的形态。山岳江湖的园林本身就是自然的山与水，而在人工建造的园林里也都用堆石、挖池、种植树木花草的方式营造出一种具有自然山水形态的环境。

如果与西方古代园林那种十分规整的形态相比，中国园林的这种特点更加突出。

中国的古代城市是方整的，而园林却是曲折多变的，西方与中国相反，城市是曲折不定型的，而园林却是方方整整的。

在公元前 11 世纪，在城市以外就出现了专供帝王狩猎取乐的苑囿，这就是中国最早的园林。这种自然山水、植物自然生长的环境具有很大吸引力，它们从城郊进入到城市，历代帝王开始在自己的皇宫里建造这样的环境，用人工堆山、挖池、种植物，乃至发展到清朝，皇帝不愿回到城里的紫禁城，平日也在园林中处理政务了。这种园林由皇宫扩大至仕官府第和文人住宅，形成中国的皇家园林和私家园林。

　　将文档的第1段标题设置为居中，字体设置为宋体，字形设置为加粗，字号设置为二号，字体颜色设置为红色；将正文第2段至第5段的字体设置为楷体，字号设置为五号；为第3段正文设置红色下划线；为第4段落文字设置效果，外部向下偏移并添加绿色阴影；在第2段与第3段之间插入艺术字"园林美景"，设置其格式填充为蓝色，字号为五号，形状效果为"粗旋钮型"。

　　（1）选中第1段，单击"开始"选项卡，单击"段落"中的"居中"命令，也可以单击" "展开如图2-14所示的对话框，然后进行居中设置。

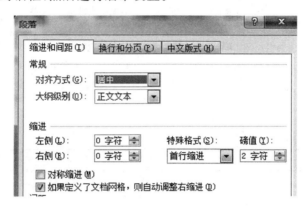

图2-14　"段落"对话框

　　（2）单击"开始"选项卡，在"字体"一栏进行设置，或单击"字体"中的" "图标，打开如图2-15所示的字体对话框，然后再进行相对应的字体设置。

图2-15　"字体"对话框

（3）选中正文打开"字体"对话框对字体进行设置，方法与步骤（2）类似。

（4）选中第 3 段打开"字体"对话框对段落加下划线，方法与步骤（2）类似。

（5）选中第 4 段打开"字体"对话框，单击"文字效果"，再单击"阴影"命令进行设置，如图 2-16 所示。

图 2-16　阴影

（6）将鼠标定位到要求位置，单击"插入"选项卡，在"文本"一栏中再单击"艺术字"命令，如图 2-17 所示。

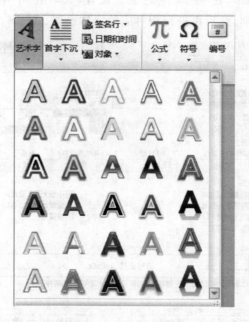

图 2-17　"艺术字"命令

（7）单击"填充蓝色"，输入"园林美景"。右击艺术字，选择"设置形状格式"命令，弹出如图 2-18 所示的对话框，单击"三维旋转"进行设置。

图 2-18 三维旋转

2）段落格式化

将文档的第 2 段的对齐方式设置为"两端对齐"，将行间距设置为 1.5 倍行距，将第 1 段与第 2 段的段间距设为 1 行，设置首行缩进 2 个字符。

（1）选中第 2 段文字，单击"开始"选项卡，再单击"段落"组的" "，弹出"段落"对话框，如图 2-19 所示。

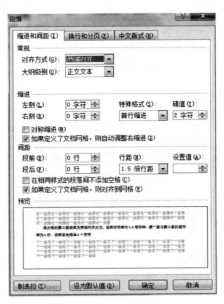

图 2-19 "段落"对话框

（2）在"段落"对话框中设置对齐方式、行间距和段间距以及首行缩进方式等。

3）设置项目符号和编号

在第 4 段首插入符号"参考标志"，将第 1 段至第 5 段插入编号 1～5。

（1）将鼠标定位到第 4 段段首，单击"插入"选项卡，如图 2-20 所示。

图 2-20 "插入"功能区

（2）单击"符号"组里的"符号"命令，再单击"※"即可插入"参考标志"，如图 2-21 所示。

（3）将鼠标定位到第 1 段段首单击"编号"命令，在编号文本框中键入"1"，如图 2-22 所示。

图 2-21 "符号"命令

图 2-22 "编号"命令

（4）仿照第（3）步分别将鼠标定位到第 2 段至第 5 段的段首，单击"编号"命令，在编号文本框中分别键入"2""3""4""5"即可完成对第 1 段至第 5 段的操作。

4）设置分栏

将最后一段分成两栏。

（1）选中最后一段，单击"页面布局"选项卡，如图 2-23 所示。

图 2-23 "页面布局"功能区

（2）单击"分栏"命令，再选择"两栏"，如图 2-24 所示。

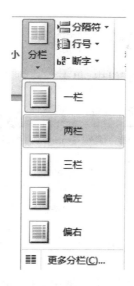

图 2-24　分栏

3．实验练习

创建新的文档，输入 6 个自然段的文字，文字内容自定，要求如下。

（1）将全文正文的字体设置为五号，宋体。

（2）第 1 自然段的内容为全文的主旨，将第一自然段设置为标题，也可以给输入的文字添加一行标题，标题字体为楷体，字号为三号字，加粗，字的颜色设置为红色。

（3）将正文设置为首行缩进 2 个字符，插入艺术字，艺术字内容为标题内容。

（4）将第 3 自然段分栏，分成两栏。

（5）在第 2 段的段首插入项目符号"※"。

（6）将第 4 自然段的第一个字设为"首字下沉"。

（7）将第 5 自然段设为悬挂缩进，并将段前和段后间距设为 0.5 行，行间距设为最小值。

实验 2-3　插图与表格

1．实验目的

（1）熟练掌握图片、剪贴画、形状的插入和编辑方法。

（2）熟练掌握表格的制作。

（3）熟练掌握表格的编辑。

（4）熟练掌握表格的格式化。

（5）掌握表格数据的计算和排序方法。

（6）了解文本和表格之间的相互转化。

（7）了解由表生成图的方法。

2．实验内容和步骤

1）插入图片或剪贴画

在实验 2-1 中的文档中,插入剪贴画" "。

(1) 在"插入"选项卡上的"插图"组中,单击"剪贴画",如图 2-25 所示。

图 2-25 "插图"组

(2) 单击"  "即可插入该图片。

(3) 在"剪贴画"任务窗格的"搜索"文本框中,键入描述该剪贴画的单词或词组,或键入剪贴画的全部文件名或部分文件名;

(4) 在结果列表中,单击剪贴画将其插入。此外,还可以插入来自文件的图片。在"插入"选项卡上的"插图"组中,单击"图片",找到要插入的图片,然后双击该图片即可。

2) 编辑图形

将图片的环绕方式设为"四周型",将图片大小设置为高 2 cm,宽 2 cm,图片效果为圆棱台。

(1) 双击图片,随即在菜单栏出现"格式"功能区,如图 2-26 所示。

图 2-26 "格式"功能区

(2) 单击"自动换行"命令,选择"四周型环绕"。

(3) 将图片的高设置为 2 cm,宽设置为 2 cm。此处必须去掉"锁定纵横比"这个选项。将图片效果设置为"圆棱台"。

3) 建立表格

新建一个空白文档,在文档中插入一个 4 行 3 列的表格,如表 2-1 所示,然后将该表格转换成文本形式,再将文本形式转换成表格,并添加一行,在新增那行中依次输入"14004""赵二""男"。

表 2-1 学生表

学号	姓名	性别
14001	张三	女
14002	李四	男
14003	王五	女

（1）单击"文件"选项卡,选择"新建"→"空白文档"。

（2）单击"插入"选项卡,选择"表格"项,如图 2-27 所示。

（3）单击"插入表格"命令,弹出如图 2-28 所示的对话框。

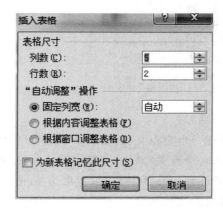

图 2-27 "表格"选项　　图 2-28 "插入表格"对话框

（4）选择列数为 3,行数为 4,单击"确定"按钮。

（5）选中表格并将表格转换为文本形式。选择"表格工具"中的"布局"选项卡,如图 2-29 所示。

图 2-29 "布局"选项卡

（6）选择"转换为文本"命令,则弹出如图 2-30 所示的对话框,选择"制表符"命令,单击"确定"按钮,即可完成转换。

（7）选中要转换的文本,单击"插入"选项卡,再选择"表格"命令,如图 2-31 所示。

（8）单击"文本转换成表格",则弹出如图 2-32 所示的对话框,设好列数等参数。单击"确定"按钮。

（9）右击表格的最后一行,在弹出的菜单中选择"插入"→"在下方插入行",再按要求完成输入。

图 2-30 "表格转换成文本"对话框

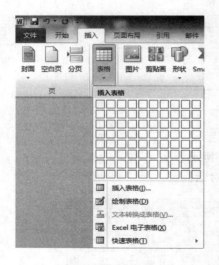

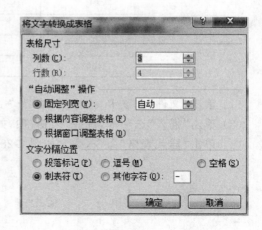

图 2-31 "表格"命令 　　　　　　图 2-32 "将文本转换成表格"对话框

3. 实验练习

(1) 新建一个空白文档,输入 3～4 个自然段的文字(自定),进行插图练习,要求如下:

① 插入一个有关"动物"主题的图片,可以是剪贴画,也可以是来自文件;

② 设置图片的高度为 6 cm,宽度为 8 cm;设置其环绕方式为四周型。

(2) 在上题文档的最后,插入一个如表 2-2 所示的表格。

表 2-2　个人简历

个 人 求 职 简 历			
姓名		性别	
年龄		出生日期	
所在城市		从事行业	
学历		民族	照片
婚姻		身份证号	
籍贯		户口所在地	
毕业学校		计算机能力	

实验 2-4　Word 的其他操作

1. 实验目的

(1) 掌握页面设置的相关操作,包括插入页眉、页脚及页码等。

(2) 掌握如何校对文档。

(3) 掌握通过不同的文档视图对文档进行查阅的方法。

2. 实验内容和步骤

1) 页面设置

新建一个文档,输入以下文字:

未来计算机的味觉。IBM 研究人员正在开发一个体验风味的计算机系统。大厨利用这个系统可以创建最有风味、最新颖的菜谱。这种系统把材料分解到分子级,把食物的化学成分与人类喜欢的味道等心理因素混合在一起。通过对比数百万个菜谱,这个系统能够创造具有新口味的食品。

纸张大小为 A4,设置上、下页边距为 3 cm,左、右页边距为 4 cm,纸张方向为纵向。在页脚插入页码,并使页码居中。

(1) 单击"文件",再单击"新建"→"空白文档",如图 2-33 所示。

图 2-33 新建文档

(2) 在文档中输入题目要求的文字。单击"页面布局"选项卡,然后单击"页面设置"组的扩展按钮,弹出如图 2-34 所示的对话框。

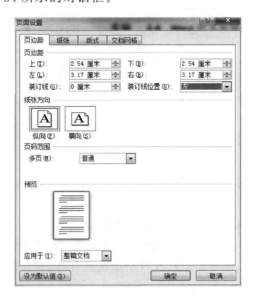

图 2-34 "页面设置"对话框

(3) 设置上、下页边距为 3 cm,左、右页边距为 4 cm,纸张方向为纵向。单击"纸张"选项卡,将纸张大小设置为 A4。

(4) 单击"插入"选项卡,选择页眉和页脚组,如图 2-35 所示。单击"页码"命令,选择"页面底端"→"普通数字 2",如图 2-36 所示,完成页码的插入。

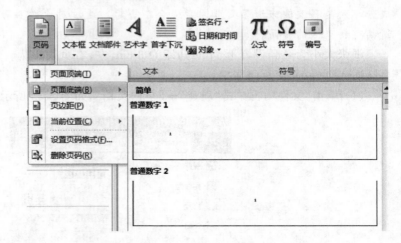

图 2-35 "页眉和页脚"组　　　　　　　　　　　　图 2-36 "页码"命令

(5) 若要删除页码、页眉和页脚,则双击页眉、页脚或页码,然后选中页眉、页脚或页码,按 Delete 键。

2) 校对文档

对步骤 1) 中输入的文字进行校对,检查拼写和语法错误,并进行字数统计。

(1) 在"审阅"选项卡的"校对"组中,单击"拼写和语法",如图 2-37 所示。

图 2-37 "校对"组

(2) 如果程序发现拼写错误,则会显示一个对话框或任务窗格,其中包含拼写检查器发现的第一个拼错的单词。

(3) 处理完拼错的单词之后,程序会标记下一个拼错的单词,以便用户决定接下来所要执行的操作。

(4) 仅限在 Outlook 或 Word 中:在该程序标记完拼写错误后,它会显示语法错误。对于每个错误,在"拼写和语法"对话框中单击一个选项进一步查看。

(5) 自动语法检查的工作方式。打开自动语法检查时,Word 会标记潜在的语法和样式错误,如以下示例:

Grammar why problem here.

用户可以右击错误以查看其他选项,如图 2-38 所示。在快捷菜单中,可能会显示系统建议的更正内容。您也可以选择忽略错误,或者单击"关于此句型"以查看程序为什么会将该文本视为错误。

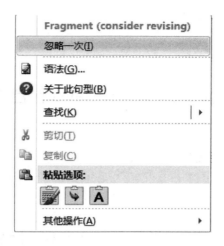

图 2-38 语法错误

（6）对文档进行字数统计，编辑文档时，页面左下角处有关于页数、字数的显示，如图 2-39 所示。

页面: 21/21　字数: 6,672

图 2-39 字数统计

3）在 Word 中阅读文档

（1）在"视图"选项卡的"文档视图"组中，单击"阅读版式视图"，如图 2-40 所示。

图 2-40 阅读版式

（2）依次单击"视图选项""显示两页"，则可每次查看两页或双屏。

（3）按"Ctrl＋向右键"或"Ctrl＋向左键"，可以一次移动一屏。

（4）若要跳转至文档的某节，可以在导航窗格中的"浏览您的文档中的页面"选项卡中找到要跳转到的文档的对应节。

（5）如果导航窗格不可见，则需单击"视图"选项卡，然后单击"导航窗格"，随即在文档左侧出现导航栏。如果要跳转到文档中的任一标题，则单击"浏览您的文档中的标题"选项卡，然后单击任一标题即可。如果文档未定义任何标题，则此选项不可用。

3．实验练习

新建一个文档，输入 1～2 自然段内容（内容自定），要求如下。

（1）插入页眉"实验练习"。

（2）插入页码。

（3）设置纸张大小为 A4，纸张方向为横向。

（4）统计字数。

（5）进行语法检查。

实验 2-5　Word 中的邮件合并

1．实验目的

（1）掌握利用邮件菜单来创建信封的方法。

（2）了解 Excel 表格。

2．实验内容和步骤

1）新建信封样本

（1）新建 Word，命名为"test"，单击"邮件"菜单，然后单击"开始邮件合并"中的下三角，如图 2-41 所示。

（2）单击"信封"则弹出如图 2-42 所示的对话框，对其中的参数进行设置，将信封的尺寸设为"普通 4"，单击"确定"，随即出现两个"回车"符号，即两个输入框。将最下面的输入框移动到右侧以符合信封的版式。

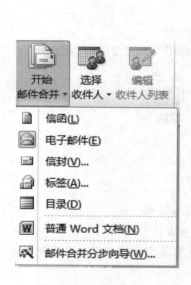

图 2-41　开始邮件合并

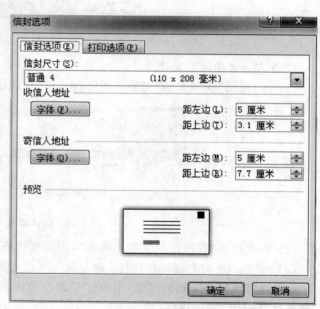

图 2-42　"信封选项"对话框

（3）打开 Excel，在表格中输入如图 2-43 所示的数据。这一步可以参照第 3 章的相关知识来做。

（4）在 Word 中第一行的最左侧输入寄信人的邮编。

姓名	现住址	邮编
李三	中国矿业大学北京	100080
张三	北京大学	100081
王五	清华大学	100082

图 2-43　Excel 数据

（5）将鼠标定位于 Word 的中间部分，单击"邮件"菜单中的"选择收件人"，再单击"使用现有列表"，如图 2-44 所示。

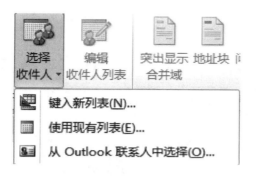

图 2-44　"选择收件人"列表

（6）根据刚才新建的 Excel 表格数据，打开"选取数据源"对话框，如图 2-45 所示。

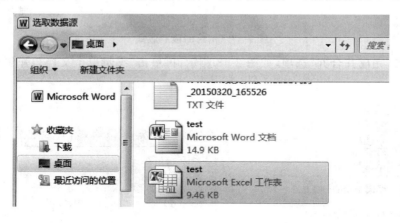

图 2-45　"选取数据源"对话框

（7）将鼠标定位于 Word 的中间部分，单击"插入合并域"的下三角，如图 2-46 所示，然后单击"姓名""现住址"。

（8）将鼠标定位于 Word 的最下面，单击"插入合并域"的下三角，如图 2-46 所示，然后单击"邮编"。最后的版式如图 2-47 所示。

图 2-46 "插入合并域"列表

100001

寄信人：李丽

收信人：

«姓名»
«现住址»

«邮编»

图 2-47 信封的最后版式

（9）单击"完成并合并"选项，如图 2-48 所示，再单击"编辑单个文档"，弹出如图 2-49 所示的对话框。

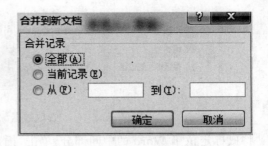

图 2-48 "完成并合并"列表　　　　图 2-49 "合并到新文档"对话框

（10）单击"确定"后，最后的结果效果图，如图 2-50 所示。

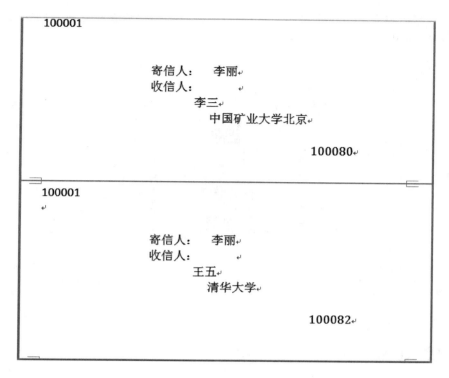

图 2-50 最后的效果图

3．实验练习

新建一个 Word 文档，要求如下。

(1) 将 Word 文档以"学号_姓名"的方式命名。

(2) 用邮件合并制作信封。

(3) 利用邮件合并功能制作一个请柬，如图 2-51 所示，要求如下。

① 主控文档的页面设置为 B5 号纸、拼页。

② 使用"边框与底纹"命令中的"页面边框"选项卡，设置艺术型页面边框。

③ 插入艺术字、自选图形。

④ 使用竖排文本框，并输入文字。

⑤ 使用表 2-3 所示的表格数据作为数据源，在主文档中插入合并域：姓名、系、专业。

表 2-3　人员信息

姓名	院系	专业
李力	职教	文秘
张明	职教	计算机应用
李玉红	工会学	社会工作
何英明	经管	经贸
何平	职教	文秘
王林	工会学	社会工作

⑥ 将数据源与主文档合并到一个新文档后,将该文档存放在自己所建的文件夹中,文件名为"请柬_某某制作.doc"。

图 2-51 毕业典礼请柬

 综合大作业

1. 作业一

请制作出以下图文混排的文档(见图 2-52),并将文件保存在"考试人姓名"文件夹下的 Word 文件夹中。将文件名存为"Word 考试"。具体要求见文章后面。

图 2-52 驴子

清晨,牧场上的青草沾满露珠,又鲜又嫩,驴子吃得多开心呀!等他快吃饱了,这才抬起头来向远处看看。哎呀,不好,一只

恶狼来了!这里是一马平川,跑也跑不掉,藏也没处藏,看样子,得想个主意才行呀!

驴子装成跛脚,一瘸一拐地迎着恶狼走去。狼见了很奇怪,问道:"你不知道我要吃你吗?为什么不逃呢?"

(1)输入上述内容。

(2)上文的标题采用加红色粗线边框,并加阴影 30%;字体采用黑体,字号为二号。

（3）正文字体为楷体,字号为小四号;段落间距为 15 磅,首行缩进 21 磅。

（4）插入剪贴画(动物),如图 2-52 所示,放置在右上角位置。设置适当的尺寸,并加入自选图形。

（5）将第 1 段设置为相等的两栏,中间加分割线。

（6）将文章标题设为样式,并命名此样式为"文章标题"。

（7）将句子"清晨,牧场上的青草沾满露珠,又鲜又嫩,驴子吃得多开心呀!"设置成七彩霓虹的动态效果。

2. 作业二

（1）使用制表位对话框在标尺 35 处设置右对齐,并在制表符和圆点前导符后输入以下内容。

类别 ··· 价格

华兴电脑 ··· 5 900

联想电脑 ··· 6 900

（2）将以上内容复制一份并转化为表格,选用任一种表格套用格式。

（3）给当前文本设置页眉如下。

学生:(本人姓名)　　　　　　　　　　　　　　　　　　　　　　　　　　第　页　共　页

（4）在页面右下角给当前文本设置页脚,页脚内容为"信息技术基础练习"。

（5）输入如下公式:

$$A^{-1} = \frac{1}{|A|}A^* = \begin{bmatrix} 5 & 45 & 3 \\ 77 & 3 & 5 \\ 33 & 7 & 9 \end{bmatrix}.$$

（6）将此文档页面大小设置为 A4,页面方向设为纵向,左右边界各为 2.5 cm,上下边界各为 3 cm。

3. 作业三

请以"我的家乡"为题目,在 1 页 A4 纸中制作一份 Word 文档。按以下要求撰写,并且将文件名存为"学号_姓名.docx"或者"学号_姓名.doc"的形式。

（1）设置字符格式:字体、字形、字号、颜色、首字下沉、文字底纹等。

（2）设置段落格式:对齐方式、段落缩进、段落间距、行距等。

（3）插入图片或剪贴画。

① 设置图片的格式:亮度、对比度、加边框、阴影效果等。

② 设置图片的环绕方式以及高度和宽度。

（4）插入图形、艺术字、文本框等。

（5）制作表格(如学生成绩单):设置其对齐方式、文字环绕方式、边框和底纹、行高、列宽,以及合并单元格等。

（6）页面设置。

① 设置页边距、纸张大小、分栏。

② 插入分页符、分节符、页眉/页脚、页码。

（7）要求文字正确,内容丰富,主旨思想突出,版面设计合理,色彩协调搭配,布局有创意,图文混排效果突出。

4. 作业四

选择如下题目，进行 Word 排版。

题目1：大学生活的第一天

题目2：计算机与人类社会

题目3：家乡的雨

题目4：自拟题目

文档设计要求如下。

(1) 建立 Word 文档，输入文档内容。字数在 800 汉字以上。内容自己编写，切勿抄袭。

(2) 字体格式设置，包括设置字体、字形、字号、颜色、下划线、项目符号和编号、首字下沉等。

(3) 段落格式设置，包括设置段间距、行间距、缩进方式、对齐方式、边框和底纹等。

(4) 页面设置，包括设置页眉和页脚、分页、分栏、页边距、纸张大小等。

(5) 图文混排。根据文档内容插入图片或绘制图形；对图片或图形进行编辑，并设置图片或图形与文档内容的环绕方式。

(6) 艺术字、文本框和数学公式编辑器。设置文字为艺术字或文本框，使用公式编辑器编辑数学公式，并调整大小、位置及文档内容的环绕方式。

(7) 表格设置，包括对表头、底纹的设置。

(8) 文档打印。用 A4 纸打印所编辑的黑白文档稿，两页以上。

(9) 补充要求：

① 页眉写上学号、姓名、班级；

② 页脚位置写上页码；

③ 文章题目及内容自编自录，不能抄袭。

5. 作业五

请以"入学通知书"为题目，进行邮件合并。

(1) 入学通知书的模板如下。

_____同学：

我校决定录取你入_____学院（系）_____专业学习。请你准时于 2015 年 9 月 1 日凭本通知书到校报到。

(2) 新建 Excel，输入如图 2-53 所示的数据。

	A	B	C
1	张三	机电学院	计算机技术
2	李四	机电学院	计算机技术
3	王五	外语学院	韩语专业

图 2-53　Excel 数据

(3) 准确录入以上数据。

(4) 利用邮件合并将 Excel 中的数据填入"入学通知书"的模板中。

6．作业六

利用模板中的名片向导制作一张名片（名片的内容自己设计）。

7．作业七

标尺处制表符以及前导符的设置。

（1）在标尺 18 处设置右对齐制表符。在标尺 26 处设置小数点对齐制表符。

（2）使用制表位对话框在 1 cm 处设置左对齐制表符，在 11 cm 处设置右对齐制表符和圆点线前导符。

8．作业八

字符的正确输入。

（1）输入以下"购书目录"。

书　　名	数量	定价
中文 Windows 2000 操作导引	25	16.00
中文 Word 2000 教程	25	23.00
Windows 2000 使用技巧 1 000 例	30	46.00
三维动画大制作（上）	4	66.00
3D Studio 4.0 用户伴侣	12	19.80

（2）输入以下内容。

游子吟 ·· 孟郊

静夜思 ·· 李白

春晓 ··· 孟浩然

江雪 ··· 柳宗元

出塞 ··· 王昌龄

9．作业九

修改样式。

（1）将标题一样式改为小三号字、华文彩云、红色。

（2）将标题二样式改为小四号字、华文细黑、紫色，加段落底纹。

（3）将标题三样式改为五号字、幼圆。

（4）将普通文字样式改为五号字、仿宋、首行缩进 2 字符。

10．作业十

目录的相关设置

（1）建立文本，并给当前文本插入目录，显示等级为 2 级，显示标题二、标题三样式，将目录放置在文本的最前面。

（2）将生成的目录的制表位调至标尺 32 处，将字号设为小五号字，如图 2-54 所示。

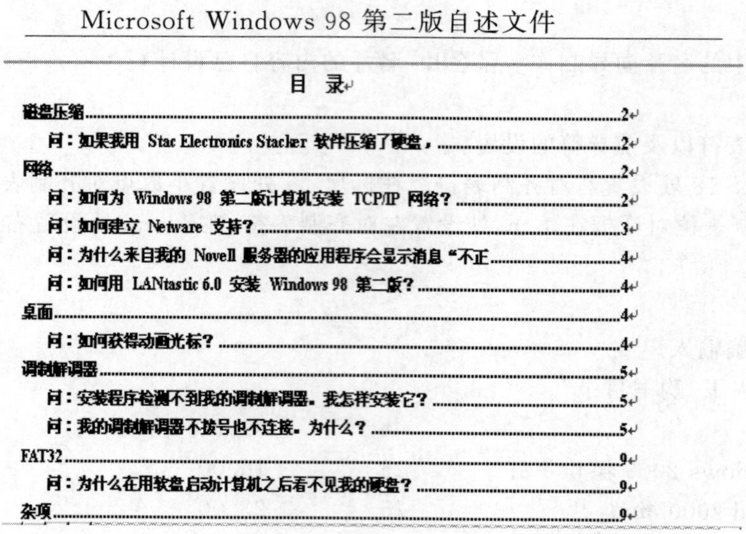

Microsoft Windows 98 第二版自述文件

目 录

磁盘压缩......2
问：如果我用 Stac Electronics Stacker 软件压缩了硬盘，......2
网络......2
问：如何为 Windows 98 第二版计算机安装 TCP/IP 网络？......2
问：如何建立 Netware 支持？......3
问：为什么来自我的 Novell 服务器的应用程序会显示消息“不正......4
问：如何用 LANtastic 6.0 安装 Windows 98 第二版？......4
桌面......4
问：如何获得动画光标？......4
调制解调器......5
问：安装程序检测不到我的调制解调器。我怎样安装它？......5
问：我的调制解调器不拨号也不连接。为什么？......5
FAT32......9
问：为什么在用软盘启动计算机之后看不见我的硬盘？......9
杂项......9

图 2-54 目录

11. 作业十一

使用表格工具栏绘制如下表格(见表 2-4)。

表 2-4 CHINANET 业务申请表

用户名称					
通信地址			邮 编		
证件名称及号码	.		传真		
联系人		联系电话		BP 机号	
用户账号信息	用户名	□□□□□□□□□□			
	备用名 1	□□□□□□□□□□			
	备用名 2	□□□□□□□□□□			
用户密码		□□□□□□□□□□			
计费方式	A 类	费用选择 50 元□100 元□300 元□600 元□1 200 元□			
	B 类		预交额		

(注：表中的“□”可用鼠标右击模拟键盘按钮，在“特殊符号”中选择)

12. 作业十二

绘制如下所示的课程表，如表 2-5 所示，要求如下。

建立一个 7 列 5 行的表格；使用合并/拆分单元格的方法对单元格进行修改；使用“绘制斜线表头”命令设置斜线表头(字号为六号)；使表格中各单元格的内容水平、垂直居中；按样本设置边框与底纹。

表 2-5　课程表

星期 时间		一	二	三	四	五
上 午	1	高 数	英 语	计 算 机	英 语	高 数
	2					
	3	制 图	普 化		政 治	普 化
	4					
下 午	5	普化 实验	听 力	实验	实 验	体 育	班 会
	6					
	7					
	8					

13. 作业十三

按以下要求对"学生成绩表"(见表2-6)进行设置。

(1) 将"学生成绩表"中"计算机"一列移到"物理"列的后面。

(2) 在表格左端增加一行"记录号",对该列进行自动编号。

(3) 在表格的右端增加"总分""备注"两列。

(4) 在表格下边增加一行"平均分";在4号的前面插入一行,输入样本(见表2-7)中所示内容。

(5) 使用"表格属性"命令,设置第一行宽度为最小值0.7,其余各行宽度为最小值0.5;表格居中。

(6) 设置表格各列的宽度为"根据窗口调整表格"。

(7) 按照样本对表格中各单元格内容的排列方式、字体、样式进行设置。

表 2-6　学生成绩表样本

	班级	姓名	数学	英语	物理	计算机	总分	备注
1.	一班	李明	78	64	89	89		
2.	一班	吴华	67	89	88	67		
3.	二班	张三						因病缺考
4.	二班	王平	87	65	98	56		
5.	一班	何一林	88	90	67	88		
6.	一班	张力	67	54	56	67		
7.	二班	李平	77	78	67	77		
	平均分							

14. 作业十四

自己设计并制作一张贺卡,要求如下。

(1) 插入自选剪贴画,或来自文件的图片。

（2）插入 Windows 界面图标，方法如下。

① 选择"插入"菜单中的"对象"命令；

② 选择对象类型为"包"，单击"插入图标"按钮；

③ 选择所需的图标后，单击"确定"按钮，回到"对象包装程序"界面；

④ 选择"文件"菜单中的"更新"命令，将图标插入到文档中。

（3）对图片进行适当缩放或剪裁。

（4）改变插入图片的颜色、水印或改变其亮度及对比度。

（5）对插入的图片设置自己喜爱的背景颜色，如填充效果中的双色、预设、图案、图片等。

（6）给图片添加自己喜爱的边框和底纹。

（7）给图片设置适当的版式及环绕位置。

（8）在贺卡中加入文字（可使用艺术字、文本框或标注），如图 2-55 所示。

图 2-55　贺卡示例

15．作业十五

使用公式编辑器输入以下公式；对已建立的公式进行移动、缩放及修改的操作。

公式 1：

$$P = \frac{\sqrt{x-y}}{2} + \left\{ \sum_{i=1}^{n} x^2 - nx_i \right\} + \frac{a^2 - b^2}{(a+b)^2} 。$$

公式 2：

$$\boldsymbol{A}^{-1} = \frac{1}{|\boldsymbol{A}|} \boldsymbol{A}^* = \begin{bmatrix} 4 & 9 & 2 \\ 3 & 5 & 7 \\ 8 & 1 & 6 \end{bmatrix} 。$$

16．作业十六

页面的排版与打印

（1）对所建文档设置如下所示的页眉/页脚，并进行打印预览（在页眉插入自己喜爱的图）。

制作人：

（2）删除当前文档的页脚后进行打印预览。

（3）给当前文档设置页码，页码位置为页面底部；将文档对齐方式设为外侧；设置首页显示页码，页码格式为1，2，…。

（4）自行设计当前文档的背景（使用各种颜色、图案或图片作为背景），对文档进行打印预览。

17. 作业十七

排版的相关操作

（1）输入以下的诗词后，按所给文字格式进行排版（注：跬 kuǐ）。

劝学

不积跬步

无以至千里；

不积小流，

无以成江海。

（2）将输入的文本复制一份，将"劝学"两字竖排。

（3）绘制如图 2-56 所示的自选图形；将该图置于文字下方。

（4）插入剪贴图，按照下图样式排版。

图 2-56　《劝学》

（5）使用制表位对话框在标尺 32 处设置右对齐制表符和圆点前导符，然后输入以下内容。将字体设为宋体，将字号设为五号。

类别 …………………………………………………………………………… 数量

计算机 ………………………………………………………………………… 89

打印机 ………………………………………………………………………… 45

扫描仪 ………………………………………………………………………… 72

数码照相机 ·· 43

（6）将上一题中的内容复制一份并转化为表格，按表 2-7 的形式排版；用公式计算出表中"数量"栏的总计值。

表 2-7　类别与数量

	类别	数量
1.	计算机	89
2.	打印机	45
3.	扫描仪	72
4.	数码照相机	43
总计		

（7）对当前文本进行页面设计。设计页眉如下，要求字体为楷体，字号为小五号。

班级：（本人班级）　　　　　学生：（本人姓名）　　　第　页　共　页

（8）将打印纸设置为 B5 复印纸，将页面方向设为横向，左右边界各设为 2 cm；将以上建立的 Word 文件以自己的姓名命名，并存放在自己所建的文件夹中。

第 3 章　Excel 2010

Excel 2010 提供了非常强大的新功能和工具,用户可以通过更多的方法分析、管理和共享信息,从而做出更好、更明智的决策。全新的分析和可视化工具可用于跟踪和突出显示重要的数据趋势。用户可以更加轻松地创建和管理工作簿,恢复已关闭但没有保存的文件。Microsoft Office 采用 Microsoft 流和虚拟化技术,极大地缩短了下载和开始体验 Microsoft Office 2010 新增功能所需的时间,也就是"即点即用"。

📖 知识储备

1. 认识 Excel 2010

双击打开 Excel 2010,出现如图 3-1 所示的界面。

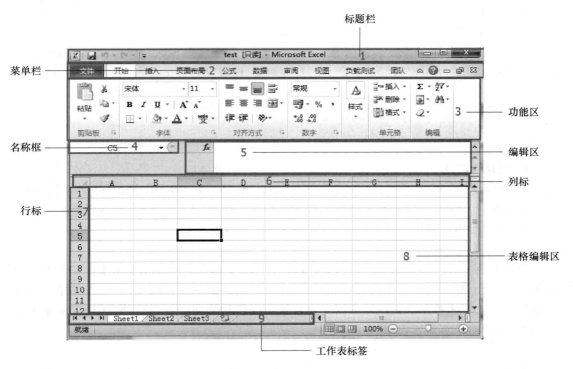

图 3-1　Excel 2010 界面

(1)标题栏

Excel 窗口最左边是 Excel 的图标,如图 3-2 所示,通过它可以进行最大化、最小化、关闭文档等操作,紧接着是自定义快速访问工具栏,居中部分是文档的文档名,最右边是"最小化""最大化"和"关闭"按钮。

图 3-2　Excel 的图标

（2）菜单栏

菜单栏中包括文件、开始、插入、页面布局、公式、数据、审阅、视图、负载测试和团队这几项。

（3）功能区

当选择相应的菜单时,功能区会出现相应的功能,以便用户对文档进行操作。

（4）名称框

名称框用于显示当前操作的位置,即活动单元格,也称为当前单元格。

（5）编辑栏

在编辑栏中输入内容,即在当前单元格输入内容。编辑栏包括"取消""输入""插入函数"3 个按钮。当单击"插入函数"按钮时,可打开一个"插入函数"对话框。

（6）表格编辑区

表格编辑区是当前文档的编辑区,用户可在此进行相应操作。

（7）工作表标签

新建一个 Excel 时,默认情况下有 3 个工作表,分别命名为 Sheet1、Sheet2 和 Sheet3,如图 3-3 所示。用户也可以对其重新命名。若有需要,还可以新建工作表。

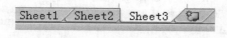

图 3-3　工作表命名

2. 创建工作簿

打开 Excel 后,会自动打开一个新的工作簿"工作簿 1",新的工作簿在默认情况下包括 3 个工作表,分别命名为 Sheet1、Sheet2 和 Sheet3。创建新的工作簿时,您可以使用空白的工作簿模板,也可以使用已有一些数据、布局和格式的现有模板。

3. 创建 Excel 表格

为使数据处理更加简单,我们可以在工作表（注:工作表为 Excel 中用于存储和处理数据的主要文档,也称为电子表格;工作表由排列成行或列的单元格组成;工作表总是存储在工作簿中。）上以表格的形式组织数据。表格除了提供计算列和汇总行外,还提供简单的筛选功能,这使得计算非常简单。

4. 在工作表中输入数据

若要在工作簿中处理数据,首先必须在工作簿的单元格中输入数据,然后,可能需要调整数据格式,以便能看到完整的数据,并让数据按自己希望的方式显示。

5. 设置工作表格式

应用不同类型的格式有助于改进工作表的可读性。例如,可应用边框和底纹来帮助明确标出工作表中的单元格。

6. 创建公式

公式是可以进行以下操作的方程式,如执行计算、返回信息、操作其他单元格的内容、测试条件等。公式始终以等号"="开头。除了输入执行加、减、乘、除等基本数学运算的公式之外,我们还可以使用 Microsoft Excel 中功能全面的内置工作表函数库来执行大量操作。

7. 使用自动筛选对数据排序

对工作表中的信息进行排序时,我们可以按所需的方式来查看数据并快速查找数据,还可以按一列或多列数据来对某个数据区域或数据表排序。例如,先按部门再按姓氏对员工个人信息进行排序。

8. 使用自动筛选命令筛选数据

通过筛选工作表中的信息,我们可以快速查找数值,可以筛选一个或多个数据列。不仅可以利用筛选功能筛选要显示的内容,还能筛选要排除的内容。既可以基于从列表中做出的选择进行筛选,又可以创建数据的特定筛选器,仅用于显示某些特定的数据。在筛选数据时,如果一列或多列中的数值不能满足筛选条件,那么整行数据都会隐藏起来。用户可以按数字值或文本值进行筛选,也可以按单元格颜色筛选那些设置了背景色或文本颜色的单元格。

9. 设置工作表中数字的格式

通过应用不同的数字格式,可将数字显示为百分比、日期、货币等形式。例如,进行季度预算时,可以使用"货币"格式来显示货币值。

10. 打印工作表

打印工作表之前,最好先进行预览以确保它符合所需的格式。我们在 Microsoft Excel 中预览工作表时,工作表会在 Microsoft Office Backstage 视图中打开。在此视图中,可以在打印之前更改页面设置和布局

 实验

实验 3-1　创建文档

1. 实验目的

(1)熟练掌握新建工作簿的方法,以及 Excel 2010 的界面操作。

(2)熟练掌握打开已存在的工作簿,以及保存当前工作簿的方法。

(3)熟练掌握在当前工作簿中创建新的工作表,并对其进行重新命名的方法。

2. 实验内容和步骤

1)创建一个新的工作簿

单击"Microsoft Office"→"Microsoft Excel 2010",则可以新建工作簿。新建的工作簿默认标题名称为"工作簿 1",并自动以"工作簿 1"作为当前文档的文件名。用户可根据需要对其重命名,也可以按照以下步骤新建工作簿。

(1)单击"文件"选项卡,然后单击"新建"命令,如图 3-4 所示。

图 3-4　新建工作簿

（2）再选择"空白工作簿"，如图 3-4 所示，也可以选择"样本模板"，然后从模板中新建工作簿。

2）打开已存在的工作簿

（1）单击"文件"菜单，如图 3-5 所示。

图 3-5　"文件"菜单

（2）选择"打开"命令，弹出如图 3-6 所示的对话框，然后选择文件所在的路径，单击"打开"即可。

图 3-6　"打开"对话框

3）保存当前工作簿

（1）单击"文件"菜单，如图 3-5 所示，再选择"保存"选项，弹出如图 3-7 所示的对话框。

（2）选择要保存到的位置，输入文件名，单击"保存"即可。

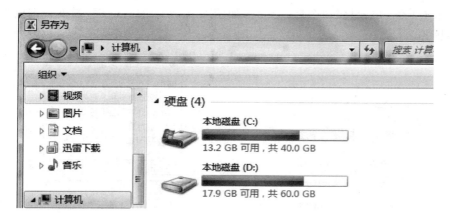

图 3-7 "保存"对话框

4）创建新的工作表

（1）单击"Sheet3"旁边的"插入工作表"按钮，则会自动添加一个名字为"Sheet4"的工作表，如图 3-8 所示。

图 3-8 插入工作表

（2）用鼠标右击"Sheet4"，然后单击"重命名"即可对该工作表进行重新命名。

3. 实验练习

新建一个工作簿，要求如下。

（1）将工作表"Sheet1"重命名为"实验表 1"。

（2）添加一个新的工作表。

（3）添加的新工作表，并将其命名为"实验表 2"。

（4）保存工作簿，并将其命名为"实验簿"。

实验 3-2 数据输入

1. 实验目的

（1）熟练掌握插入或删除单元格的方法，以及插入或删除一行或一列的方法。

（2）熟练掌握在单元格中自动换行的方法。

（3）熟练掌握在工作表中输入数据的方法。

（4）熟练掌握设计数据格式的方法。

2. 实验内容和步骤

1）插入空白单元格

（1）选中要插入空白单元格的单元格或单元格区域。应注意，选中的单元格数量应与要插入的单元格数量相同。例如，要插入 5 个空白单元格，请选中 5 个单元格。

（2）在"开始"选项卡上的"单元格"组中，单击"插入"下方的箭头，然后单击"插入单元格"，如图 3-9 所示。

（3）单击"插入单元格"命令后，会弹出如图 3-10 所示的对话框，黑框包围的单元格即为活动单元格。

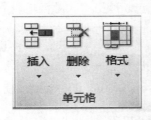

图 3-9　"单元格"组

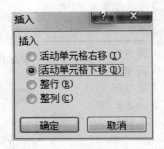

图 3-10　"插入"对话框

（4）选择自己所需的操作，单击"确定"即可。

2）插入一行或一列

（1）在"开始"选项卡上的"单元格"组中，单击"插入"，然后单击"插入工作表行"即可插入一行。

（2）在"开始"选项卡上的"单元格"组中，单击"插入"，然后单击"插入工作表列"即可插入一列。

3）删除单元格、行或列

（1）选择要删除的单元格、行或列。

（2）若在"开始"选项卡上的"单元格"组中，单击"删除"下边的箭头，然后执行下列操作之一：

① 若要删除所选的单元格，请单击"删除单元格"；

② 若要删除所选的行，请单击"删除工作表行"；

③ 若要删除所选的列，请单击"删除工作表列"。

注：可以右击所选的单元格，再单击"删除"，然后单击所需的选项；还可以右击所选的行或列，然后单击"删除"。

（3）如果要删除单元格或单元格区域，请在"删除"对话框中，单击"右侧单元格左移""下方单元格上移""整行"或"整列"。

如果删除行或列，其他的行或列会自动上移或左移。

4）单元格中自动换行

（1）在工作表中，选择要设置格式的单元格。

（2）在"开始"选项卡上的"对齐"组中，单击"自动换行"按钮"🔲"，如图 3-11 所示。

图 3-11　"对齐方式"组

注:单元格中的数据通常会自动换行以适应列宽。当更改列宽时,数据换行会自动进行调整。如果所有换行文本均不可见,则可能是该行行高被设置为了特定高度。

5）在工作表中输入数据,设置数据格式

（1）单击某个单元格,然后在该单元格中键入数据。

（2）按 Enter 键下移一个单元格或按 Tab 键右移一个单元格。若要在单元格中另起一行输入数据,请按"Alt＋Enter"组合键,相当于输入一个换行符。

（3）若要输入一系列连续的数据,例如日期、月份或渐进数字,请在一个单元格中键入起始值,然后在下一个单元格中键入下一个值,以此建立一个模式。

例如,如果要使用序列 1、2、3、4、5…请在前两个单元格中分别键入"1"和"2"。选中包含起始值的单元格,然后按住鼠标左键拖动填充柄（即"▭"中的小黑点）,涵盖要填充的整个单元格区域。若要按升序填充,请从上到下或从左到右拖动鼠标。若要按降序填充,请从下到上或从右到左拖动鼠标。

（4）若要应用数字格式,请单击要设置数字格式的单元格,然后在"开始"选项卡上的"数字"组中,单击"常规"旁边的箭头,然后再单击要使用的格式,如图 3-12 所示。

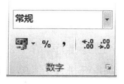

图 3-12　"数字"组

（5）若要更改字体,请选中要设置数据格式的单元格,然后在"开始"选项卡的"字体"组中,单击要使用的格式,如图 3-13 所示。

图 3-13　"字体"组

3．实验练习

新建一个工作簿,输入相关数据（自定）,要求如下。

（1）在工作表"Sheet1"中输入数据。

（2）在 A1 单元格前插入一个单元格。

（3）设置 A2 单元格,并使该单元格中的内容自动换行。

（4）若单元格内有数字,请将单元格格式设置为数值型并保留两位小数,并将字体设为12 号。

实验 3-3 数据操作

1．实验目的

（1）熟练掌握数据的排序。

（2）熟练掌握数据的筛选，其中包括对数字进行筛选，以及对文本进行筛选等。

（3）熟练掌握插入分类汇总。

2．实验内容和步骤

1）对数字进行排序

（1）选择单元格区域中的一列数值数据，或者确保活动单元格位于包含数值数据的列中。

（2）在"数据"选项卡（如图 3-14 所示）的"排序和筛选"组中，执行下列操作之一：

图 3-14 "数据"选项卡

① 若要按从小到大的顺序对数字进行排序，请单击升序按钮"$\frac{A}{Z}\downarrow$"；

② 若要按从大到小的顺序对数字进行排序，请单击降序按钮"$\frac{Z}{A}\downarrow$"。

注：检查所有数字是否都存储为数值型，如果结果不是您所希望的，可能是因为该列中包含存储为文本型（而不是数值型）的数字。例如，从某些财务系统导入的负数或者使用前导撇号"'"输入的数字会被存储为文本。

2）对文本进行排序

（1）选择单元格区域中的一列字母数字数据，或者确保活动单元格位于包含字母数字数据的表列中。

（2）在"数据"选项卡的"排序和筛选"组中，执行下列操作之一：

① 若要按字母数字的升序排序，请单击升序按钮"$\frac{A}{Z}\downarrow$"；

② 若要按字母数字的降序排序，请单击降序按钮"$\frac{Z}{A}\downarrow$"。

（3）也可以执行区分大小写的排序。

① 在"数据"选项卡的"排序和筛选"组中，单击"排序"，如图 3-15 所示。

图 3-15 排序和筛选

② 在"排序"对话框中，单击"选项"，如图 3-16 所示。

③ 在"排序选项"对话框中，选择"区分大小写"，如图 3-17 所示。

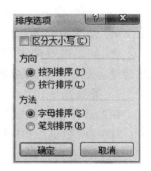

图 3-16 "排序"对话框   图 3-17 排序选项

④ 单击两次"确定"。

（4）若要在更改数据后重新应用排序，请单击该区域中的某个单元格，然后在"数据"选项卡上的"排序和筛选"组中单击"重新应用"。

3）对行进行排序

（1）选择单元格区域中的一行数据，或者确保活动单元格在表列中。

（2）在"数据"选项卡的"排序和筛选"组中，单击"排序"，如图 3-18 所示。

图 3-18 "排序和筛选"组

（3）单击"选项"。

（4）在"排序选项"对话框中的"方向"下，单击"按行排序"，然后单击"确定"。

（5）在"行"下的"主要关键字"框中，选择要排序的行。

（6）请在"排列依据"框（如图 3-19 所示）下执行下列操作之一。

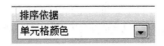

图 3-19 依据

① 按值排序

a. 在"排序依据"下，选择"数值"。

b. 在"次序"下，执行下列操作之一：

• 对于文本值，选择"升序"或"降序"；

• 对于数值，选择"升序"或"降序"；

• 对于日期或时间值，选择"升序"或"降序"。

② 按单元格颜色、字体颜色或单元格图标排序

a. 在"排序依据"下，选择单元格颜色、字体颜色或单元格图标。

b. 在"次序"下，选择"在左侧"或"在右侧"。

（7）若要在更改数据后重新应用排序，请单击区域中的某个单元格，然后在"数据"选项卡上的"排序和筛选"组中单击"重新应用"。

注：如果进行排序的行是工作表分级显示的一部分，Excel 将对最高级分组（第一级）进行排序。这时即使明细数据行或列是隐藏的，它们也会集中在一起。

4）筛选数字

（1）选择包含数值数据的单元格区域。

（2）在"数据"选项卡的"排序和筛选"组中，单击"筛选"，如图 3-15 所示。

（3）单击列标题中的箭头"▼"。

（4）请执行下列操作之一。

① 从数字列表中选择

在数字列表中，选择或清除一个或多个要作为筛选依据的数字。

数字列表最大可以达到 10 000。如果列表很大，请清除顶部的"（全选）"，然后选择要作为筛选依据的特定数字。

注：若要使自动筛选菜单更宽或更长，请单击并拖动位于底部的握柄。

② 创建条件

a. 指向"数字筛选"，然后单击一个比较运算符（在比较条件中用于比较两个值的符号，包括＝、＞、＜、＞＝、＜＝和＜＞)命令，或单击"自定义筛选"。

b. 在"自定义自动筛选方式"对话框右侧的一个或多个框中，输入数字或从列表中选择数字。

c.（可选）按多个条件进行筛选。

（5）若要在更改数据后重新应用筛选，请单击区域中的某个单元格，然后在"数据"选项卡的"排序和筛选"组中单击"重新应用"。

5）按选定内容进行筛选

（1）在单元格区域或表列中，用鼠标右击包含要作为筛选依据的值、颜色、字体颜色或图标的单元格。

（2）单击"筛选"，然后执行下列操作之一：

① 若要按文本、数字、日期或时间进行筛选，请单击"按所选单元格的值筛选"；

② 若要按单元格颜色进行筛选，请单击"按所选单元格的颜色筛选"；

③ 若要按字体颜色进行筛选，请单击"按所选单元格的字体颜色筛选"；

④ 若要按图标进行筛选，请单击"按所选单元格的图标筛选"。

（3）若要在更改数据后重新应用筛选，请单击区域中的某个单元格，然后在"数据"选项卡的"排序和筛选"组中单击"重新应用"。

6）分类汇总

（1）确保数据区域（即工作表上的两个或多个单元格，区域中的单元格可以相邻或不相邻)中要对其进行分类汇总计算的每列的第一行都有一个标签，每列中都包含类似的数据，并且该区域不包含任何空白行或空白列。

（2）在该区域中选择一个单元格。

（3）为一组数据插入一个分类汇总级别，如下图 3-20 所示。

（4）在"数据"选项卡的"分级显示"组中，单击"分类汇总"，如图 3-21 所示，将显示分类汇总对话框。

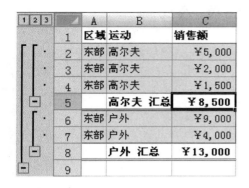

图 3-20 分类汇总

图 3-21 "分组显示"组

（5）在"分类字段"框中，单击要分类汇总的列。例如，如果使用图 3-20 的示例，则应当选择"运动"。

（6）在"汇总方式"框中，单击要用来计算分类汇总的汇总函数。例如，如果使用图 3-20 的示例，则应当选择"求和"。

（7）在"选定汇总项"框中，选择要计算分类汇总的值的列。例如，如果使用图 3-20 的示例，则应当选择"销售额"。

（8）如果想按每个分类汇总自动分页，请选中"每组数据分页"复选框。

（9）若要指定汇总行位于明细行的上面，请取消勾选"汇总结果显示在数据下方"复选框。若要指定汇总行位于明细行的下面，请选中"汇总结果显示在数据下方"复选框，如图 3-22 所示。例如，如果使用图 3-20 的示例，则应当取消勾选该复选框。

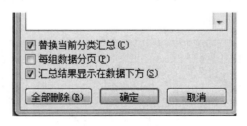

图 3-22 汇总

（10）可以重复步骤（1）到步骤（7），再次使用"分类汇总"命令，请尝试使用不同汇总函数添加更多分类汇总。若要避免覆盖现有分类汇总，请取消勾选"替换当前分类汇总"复选框。

3．实验练习

新建一个 Excel，要求如下。

（1）将其以"学号＋姓名"的形式命名。

（2）在 Excel 中输入自定义内容（必须有数字）。

（3）对表中的数据进行排序。

（4）对表中的数据进行筛选。

（5）对表中的数据进行分类汇总。

实验 3-4　　插入图表、公式

1．实验目的

（1）熟练掌握插入图表的方法。

（2）熟练掌握设置图表格式的方法。

（3）熟练掌握创建公式的方法。

2．实验内容和步骤

1）插入图表

（1）在工作表上，排列要绘制在图表中的数据。

数据可以排列在行或列中，Excel 将自动确定把数据绘制在图表中的最佳方式。某些图表类型（如饼图和气泡图）则需要特定的数据排列方式。

（2）选择包含要用于图表的数据的单元格。

（3）在"插入"选项卡上的"图表"组中，请执行下列操作。

单击图表类型，然后单击要使用的图表子类型，如图 3-23 所示。

图 3-23　"图表"组

若要查看所有可用的图表类型，请单击"<img>"以启动"插入图表"对话框，然后单击相应箭头以滚动浏览图表类型，如图 3-24 所示。

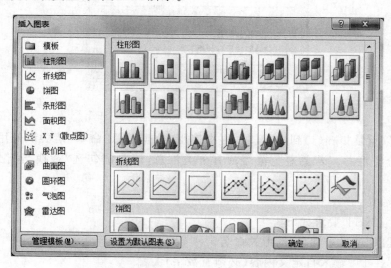

图 3-24　"插入图表"对话框

（4）Excel 自动为该图表指定一个名称，如"Chart1"，您也可以对图表重新命名。

2）设置图表格式

调整轴刻度线和标签

（1）在图表中，单击要调整刻度线和标签的坐标轴，或执行下列操作，从图表元素列表中选择坐标轴：

① 单击图表中的任意位置，此操作将显示"图表工具"，其中包含"设计""布局"和"格式"选项卡，如图 3-25 所示；

② 在"格式"选项卡的"当前所选内容"组中，单击"图表区"框中右侧的箭头，如图 3-26 所示，然后单击要选择的坐标轴。

图 3-25　图表工具

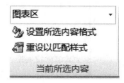

图 3-26　当前所选内容

（2）在"格式"选项卡的"当前所选内容"组中，单击"设置所选内容格式"，如图 3-26 所示。

（3）在"坐标轴选项"下，执行下列一项或多项操作：

① 若要更改主要刻度线的显示，请在"主要刻度线类型"框中，单击所需的刻度线位置；

② 若要更改次要刻度线的显示，请在"次要刻度线类型"下拉列表框中，单击所需的刻度线的位置；

③ 若要更改标签的位置，请在"轴标签"框中，单击所需的选项。

注：若要隐藏刻度线或刻度线标签，请单击"坐标轴标签"框中的"无"。

3）创建公式

（1）使用函数创建公式

① 单击需输入公式的单元格。

② 若要使公式以函数开头，请单击编辑栏"  "上的"插入函数"按钮" "，Excel 会为您插入等号。

③ 选择要使用的函数。

注：如果不确定要使用哪一个函数，则可以在"搜索函数"框中键入对执行操作的说明（例如，键入"数值相加"会返回 SUM 函数），或者浏览"或选择类别"框中的分类，如图 3-27 所示。

④ 输入参数。

注：若要将单元格引用作为参数输入，请单击"压缩对话框"按钮" "以临时隐藏对话框，在工作表上选择单元格，然后按"展开对话框"按钮" "。

⑤ 输入公式后，按 Enter 键。

（2）使用单元格引用和名称创建公式

① 单击要在其中输入公式的单元格。

② 在编辑栏" "中键入等号，如图 3-28 所示。

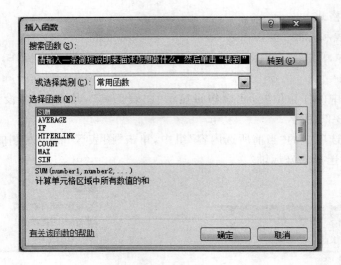

图 3-27　插入函数

示例公式	执行的计算
=SUM(A:A)	将 A 列的所有数字相加
=AVERAGE(A1:B4)	计算区域中所有数字的平均值

图 3-28　示例公式

③ 如图 3-29 所示,计算总分。

	A	B	C	D	E
1	姓名	性别	数学	语文	总分
2	张三	女	90	89	
3	李四	男	89	87	
4	王一	男	86	99	

图 3-29　成绩表

④ 单击 E2 单元格,在编辑栏中输入等号,再单击 C2 单元格,输入"＋",再单击 D2,最后按 Enter 键。

3. 实验练习

新建一个 Excel 表,要求如下。

(1) 按照如图 3-29 所示的成绩表输入数据。

(2) 利用插入函数计算总分。

(3) 对成绩表插入簇状柱形图。

(4) 设置图表格式。

实验 3-5 插入图片、剪贴画

1. 实验目的

（1）熟练掌握图片、剪贴画的插入。

（2）熟练掌握图片或剪贴画高度、宽度的设置。

（3）熟练掌握如何设置图片或剪贴画的三维效果、阴影等。

2. 实验内容和步骤

以下以插入剪贴画为例

（1）单击"插入"菜单，再单击"剪贴画"选项，插入如图 3-30 所示的剪贴画。

图 3-30　剪贴画

（2）设置图片格式，将图片的高度设置为 6 cm，宽度设置为 5 cm，将"锁定纵横比前"的钩去掉，如图 3-31 所示。

图 3-31　"设置图片格式"对话框

（3）在"线条颜色"中选择"实线"，并将颜色设为蓝色，如图 3-32 所示。

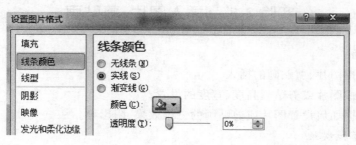

图 3-32　设置线条颜色

（4）在"三维格式"中将轮廓线颜色为红色，大小设为 1 磅；在"表面效果"中将"照明"设为早晨，如图 3-33 所示。

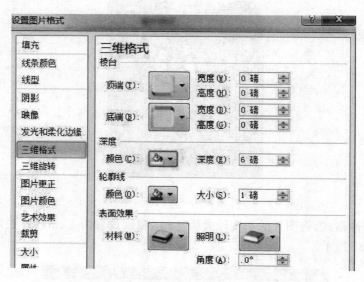

图 3-33　三维格式

3．实验练习

新建 Excel 表格，插入剪贴画，要求如下。

（1）插入有关"动物"主题的剪贴画，来呼吁大家关爱动物。

（2）对剪贴画的高度和宽度进行设置，以适应版式。

（3）将剪贴画的阴影效果设为蓝色。

 综合大作业

1．作业一

请以"商品销售记录统计报告"为题目，绘制 Excel 表格，将文件名保存为"学号_姓名.xlsx"或"学号_姓名.xls"的形式。

Excel 表格要求如下。

（1）格式内容包括销售人员编码、销售日期、销售品牌、销售量（件）、总价钱，且销售记

录不少于8条。

（2）销售人员编码是主码（唯一标识一个人的编码），总价钱要求使用公式计算。

（3）按销售人员编码排序，选出销售业绩最好的员工。

（4）按销售量进行分类汇总，统计出最受欢迎的产品。

（5）插入柱状图，使得销售记录易可视化。

（6）美化图表，并设置相关参数。

（7）表格美化（文字效果、边框、底纹等）。

2. 作业二

以"学生成绩分析"为题目，绘制 Excel 表格，将文件名保存为"学号_姓名.xlsx"或"学号_姓名.xls"的形式。

练习内容和要求如下。

（1）数据的收集和整理

① 原始数据：学号、姓名、性别、数学、英语、计算机。

② 中间数据：平均成绩、总成绩。

③ 结果数据：评估、各科平均成绩、各科最高分、各科最低分、单科成绩最佳者、总平均成绩最佳者、各门课程的不及格人数等。

（2）电子表格设计

① 基本功能：输入和修改原始数据（基本数据不得少于200个单元格），利用公式（函数）计算每个学生的总成绩和平均成绩，评价学生的成绩、平均分、最高分、最低分等。

② 排序表：标题、数据排序表（按平均成绩排序）。

③ 成绩统计表：标题、数据统计表、统计图形。

④ 文档打印：A4纸打印，两页以上。

3. 作业三

新建 Excel 文件，如表3-1所示，将该文件保存在 E 盘"考试人姓名"文件夹下的 Excel 文件夹中，并命名为"Excel 销售表"。请按如下要求完成设置。

表3-1 销售表

Excel 销售表					
姓名	部门	分公司	工作时间/h	小时报酬/元	薪水/元
杜永宁	软件部	南京	160	36	
王传华	销售部	北京	140	28	
殷永	培训部	北京	140	21	
杨柳清	软件部	南京	160	34	
段南	软件部	北京	140	31	
刘朝阳	销售部	北京	140	23	
王雷	培训部	北京	140	32	
朱小梅	培训部	南京	140	21	
于洋	销售部	北京	140	23	
最大值					
平均值					

（1）利用公式分别计算每个人的"薪水"，并加一列为"税金"。其中税金的计算公式为：税金＝薪水＊10％。

（2）利用公式计算"薪水"中的最大值及"税金"的平均值。

（3）给表格加上红色双线外边框，绿色单线内边框。

（4）表中的所有数字显示格式要求：保留一位小数，整数部分每3位用逗号分隔且数值前加人民币符号，如150 000 显示为￥150,000.0

（5）将上表表名改为"工资表"，并将内容复制到工作表 Sheet2 上，并重命名 Sheet2 为"工资副表"。将表 Sheet3 删除。

（6）将工资表按"薪水"由大到小排序。

（7）对每个分公司人工费用的总支出进行分类汇总。

（8）利用该"工资表"创建"柱形图"，并将该图命名为"工资表图"，放在 Sheet2 中。

（9）对"工资表"及"工资副表"进行页面设置，使用 B5 纸，"纵向"打印；将页边距上边设置为 3 cm，横向居中。

（10）输入页眉"制表人：（本人姓名）"。

4．作业四

（1）建立一个空白工作簿。将 Sheet1 改名为"一月销售表"，在一月销售表中输入如表 3-2 所示的内容。（其中"产品名称"列采用多个单元格填入相同数据的方法；"产品号""单价""销售量"列采用自动填充方法。）

表 3-2　一月销售表

产品号	产品名称	单价	销售量	销售额	税金
1001	硬盘	1 000.00	200		
1002	硬盘	900.00	190		
1003	硬盘	800.00	180		
1004	硬盘	700.00	170		
1005	光驱	600.00	160		
1006	光驱	500.00	150		
1007	光驱	400.00	140		
1008	软驱	300.00	130		
1009	软驱	200.00	120		
1010	软驱	100.00	110		
总计值					
平均值					

将 1 月销售表复制 3 份，分别命名为 2 月销售表、3 月销售表、第 1 季度销售表，将原来的 Sheet2 和 Sheet3 工作表删除；用自动填充方法修改 2 月、3 月销售表，将 2 月各种产品价格减少 10 元，将 3 月各种产品价格减少 20 元；将第 1 季度销售表中的销售额与税金的数据清除。

（2）设置各销售表的格式：将表格标题的字体设为黑体，字号设为 20 号；将各月份设置为下标,字体设为幼圆,字号设为红色;将标题合并居中;将表中其他单元格字号设为10,字体设为宋体;为各销售表添加边框线,外边框与列标题栏为蓝色双线,表格内为浅蓝色单线。

（3）计算各月销售表中的"税金"和"销售额"（使用相对地址引用方法）。

$$销售额＝单价×数量,$$

$$税金＝销售额×10\%＋销售量×20。$$

计算各项目的合计值和平均值,并将求和值与平均值放在各列最下面的单元格中。

（4）使用三维地址计算1、2、3月份各项目的合计值并放入第1季度销售表中。利用三维地址计算1、2、3月3个工作表中销售额的最大值（使用Max函数）并将结果放在第1季度销售表右下角的单元格中,给该单元格添加标注"销售额最大值"。

（5）对第1季度工资表按照产品名称进行分类汇总,计算各个产品项目的合计值和最大值。根据第1月销售表中的"产品名称"与"销售额"两列数据建立分裂饼状图表,并将该图表放在"图表1"工作表中,自行设计各图表项的填充色。

（6）对1、2、3月及第1季度工作表进行页面设置,将纸张大小设为B5,纵向打印,设置页边距上边为3 cm,横向居中,输入页眉"制表人:（本人姓名）"。

将以上建立的Excel文件以自己的汉字姓名命名,并存放在自己所建的文件夹中。

第4章　PowerPoint 2010

PowerPoint(简称 PPT) 2010,是微软推出的新一代办公软件 Microsoft Office 2010 中的一个重要组成部分。用户可以使用 Microsoft PowerPoint 2010 以多种方式创建、演示动态演示文稿,并且可以在演示文稿中插入音频、视频、图片等内容。新增的视频和图片编辑功能以及增强功能是 PowerPoint 2010 的新亮点。此外,PowerPoint 2010 的切换效果和动画运行比以往版本更为流畅和丰富,并且它们在功能区中有自己的选项卡。许多新增的 SmartArt 图形版式(包括一些基于照片的版式)可能会给你带来意外惊喜。此版本将会使得演示文稿的制作与展示更加轻松和方便。

📖 知识储备

1. 认识 PowerPoint 2010

打开 PowerPoint 2010 以后,将会出现 PowerPoint 2010 的窗口,如图 4-1 所示。

图 4-1　PPT 操作窗口

在 PPT 的窗口中包含标题栏、菜单栏、工具栏、编辑区以及视图切换按钮。

在标题栏中包含"最小化""最大化""关闭"按钮,同时还会显示当前演示文稿的默认名称,对于未更改过名称的文稿,一般默认名称为"新建 Microsoft PowerPoint 演示文稿"。

在菜单栏中包含 10 个菜单选项,分别为文件、开始、插入、设计、切换、动画、幻灯片放映、审阅、视图和情节提要。在每个菜单选项之中,还包括了工具栏,每个菜单选项下的工具栏各不相同。

在编辑区可以完成对幻灯片各种编辑与修改的操作。

通过窗口底部的视图切换按钮,可以进行视图方式的切换。PowerPoint 2010 中提供了 4 种不同的视图方式,分别为普通视图、幻灯片浏览、阅读视图以及幻灯片放映。普通视图是演示文稿的默认视图方式,在这种视图下可以编辑、制作幻灯片,并可以查看每张幻灯片的详细内容;在幻灯片浏览视图下,用户是不能对幻灯片内容进行更改的,但是可以观看所有幻灯片,这种视图的优点是可以快速地找到某一张幻灯片;阅读视图以及幻灯片放映视图可以用于幻灯片的播放。

2. "文件"菜单项

通过"文件"菜单项可对演示文稿进行一些基本操作,如"保存""另存为""打开""关闭"等,如图 4-2 所示。单击"打开"即可打开一个之前已经存在的演示文稿。若用户想要保存当前演示文稿,则单击"保存"按钮即可。如果在保存的时候需要更改文件名或者存储路径,则需要单击"另存为"来实现相应的操作。

图 4-2 "文件"菜单项

3. "开始"菜单项

单击演示文稿窗口中的"开始",如图 4-3 所示。在这个菜单项中,包含了许多可以对演示文稿进行编辑的操作按钮,这些按钮的功能主要包括新建幻灯片(这其中也包含了多种幻灯片的模板),以及对幻灯片中字体和段落进行相应的设置。此外,用户还可以利用绘图功能中的某些操作进行图形的绘制。

图 4-3 "开始"菜单项

4. "插入"菜单项

单击演示文稿窗口中的"插入",如图 4-4 所示。在这个菜单项中,我们可以插入除了文字以外的内容,使幻灯片的内容和样式多样化。在这里,我们可以插入图像(包括剪贴画、屏幕截图、图片及相册中的图像)、图表、链接、艺术字、公式符号等。此外,还可以插入视频与音频,并且可以在幻灯片放映的时候随意播放。当然,用户还可以根据实际需求插入超链接等。

图 4-4 "插入"菜单选项

5. "设计"菜单项

单击演示文稿窗口中的"设计",如图 4-5 所示。在这个菜单项中,我们可以对幻灯片进行主题与背景的设置,PowerPoint 2010 自带一些模板供用户使用,同时用户也可以自己制作模板用于幻灯片中。此外,还可以对幻灯片方向进行"横向"或者"纵向"的设置,PowerPoint 2010 中一般默认幻灯片方向为"横向"。

图 4-5 "设计"菜单项

6. "切换"菜单项

单击演示文稿窗口中的"切换",如图 4-6 所示。"切换"就是要在幻灯片相互切换时候,设计出一些动态的效果。PowerPoint 2010 中自带一些幻灯片之间切换的效果,如"切出""淡出""擦除""推进""分割"等,同时,我们还可以设置这些效果在什么时候出现,可以在单击鼠标时出现,也可以事先设置一个时间,到了预设的时间,这些效果就会自动出现。在出现这些效果的同时,还可以伴随着声音的出现,使幻灯片相互切换时的动态效果更加逼真。

图 4-6　"切换"菜单项

7. "动画"菜单项

单击演示文稿窗口中的"动画",如图 4-7 所示。在这个菜单项中,我们可以进行 4 种操作,分别为设置动画、设置高级动画、计时处理以及设置后的预览。与"切换"不同的是,"动画"指的是在某一张幻灯片中,文字或者图片出现时的动画,而"切换"中的相关效果是在幻灯片之间相互切换的时候出现的。与"切换"相同的是,PowerPoint 2010 中自带了一些"动画"的效果,如"出现""淡出""飞入""浮入"等。待"动画"设置好后,可以进行效果预览。

图 4-7　"动画"菜单项

8. "幻灯片放映"菜单项

单击演示文稿窗口中的"幻灯片放映",如图 4-8 所示。在这个菜单项中,用户可以对幻灯片的放映进行一系列的设置,如设置幻灯片放映范围、放映方式等。此外,在 PowerPoint 2010 中,还有一个"播放旁白"的功能。在某些情况下,用户可能希望在幻灯片放映的同时播放一些旁白,以便于对幻灯片中的内容进行说明,PowerPoint 2010 的"播放旁白"功能可以很好地满足用户的这种需求。

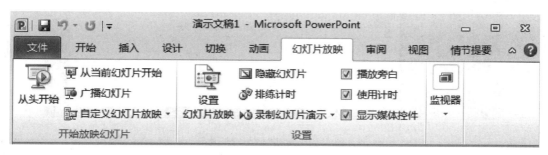

图 4-8　"幻灯片放映"菜单项

 实验

实验 4-1 创建演示文稿

1. 实验目的

（1）了解 PowerPoint 2010 的制作过程。

（2）掌握打开、保存和退出 PowerPoint 2010 的方法。

（3）掌握制作幻灯片以及放映幻灯片的方法。

图 4-9 "新建幻灯片"

2. 实验内容和步骤

（1）打开 PowerPoint 2010。

① 单击"开始"按钮，单击"所有程序"。

② 单击"Microsoft Office"，然后单击"Microsoft PowerPoint 2010"，进入演示文稿窗口。

（2）制作幻灯片，保存 PowerPoint 2010，并退出。

① 在菜单栏中单击"开始"，再单击"新建幻灯片"，如图 4-9 所示。

② 在出现的下拉菜单中，单击"标题幻灯片"，如图 4-10 所示。

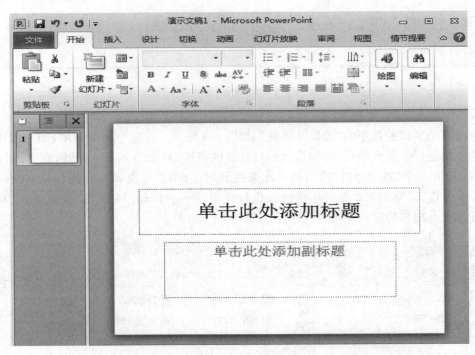

图 4-10 新建"标题幻灯片"

③ 单击"单击此处添加标题"，输入标题"计算机基础实验"，并将文字格式设置为宋体（标题），44磅，加粗，黑色。

④ 单击"单击此处添加副标题"，输入副标题"制作演示文稿"，并将文字格式设置为宋体（正文），32磅，倾斜，红色。

⑤ 重复步骤①，单击"新建幻灯片"，然后单击"标题和内容"。

⑥ 单击"单击此处添加标题"，输入标题"插入剪贴画"，并将文字格式设置为宋体（标题），44磅，黑色。

⑦ 在"单击此处添加文本"处可以看到6个小图标，如图4-11所示。单击第二行中间"剪贴画"的图标，会出现"任务窗格"，单击"搜索"，会出现一些系统自带的剪贴画，选择其中一个并双击，如图4-12所示。

图 4-11　插入不同内容的图标　　　　　　图 4-12　剪贴画

⑧ 重复步骤①，单击"新建幻灯片"，然后单击"标题和内容"。

⑨ 单击"单击此处添加标题"，输入标题"插入图表"，并将文字格式设置为宋体（标题），44磅，黑色。

⑩ 在"单击此处添加文本"处，单击第一行中间"插入图表"的图标，会出现"插入图表"对话框，如图4-13所示。

⑪ 选择"饼图"中的"三维饼图"，单击"确定"，这时会弹出一个 Excel 工作表，在其中我们可以设置饼图的标题名称以及各项数据。

⑫ 在 Excel 表中设置如图4-14所示的各个参数。若要调整数据区域大小，请用鼠标拖拽区域右下角。

⑬ 设置完成后，关闭 Excel 表格，同时在演示文稿中，会出现一个根据刚才设置的数据

而生成的饼图。

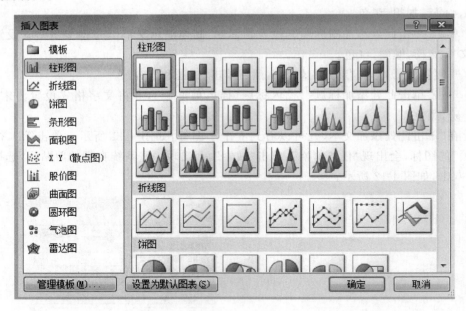

图 4-13 "插入图表"对话框

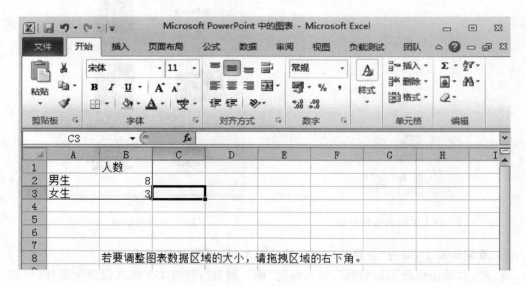

图 4-14 设置参数

⑭ 重复步骤①,单击"新建幻灯片",然后单击"标题和内容",单击"单击此处添加标题"处,输入标题"插入表格",并将文字格式设置为宋体(标题),44 磅,黑色。在"单击此处添加文本"处,单击其中第一行第一个"插入表格"的图标,随即会出现"插入表格"对话框,在其中设置好"行数"与"列数"以后,单击"确定"。

⑮ 在表格空白中,输入相关信息。在插入"剪贴画""图表""表格"的相同位置还可以输入文字。

⑯ 重复步骤①单击"新建幻灯片",然后单击"空白",在弹出窗口的菜单栏中单击"插

入"，在操作栏中单击"艺术字"，随机选择一种艺术字，在艺术字的框中输入"谢谢大家"。

⑰ 在视图切换按钮中单击"放映幻灯片"，即可观看放映幻灯片的效果。

⑱ 在菜单栏中单击"文件"，单击"另存为"，更改演示文稿的保存路径以及文件名，然后单击"保存"。

⑲ 单击演示文稿窗口右上角的"关闭"按钮，即可退出 PowerPoint 2010。

在窗口右侧的浏览视图中，选中一张幻灯片，右击鼠标即可对该幻灯片进行"复制""删除"等操作，请读者自行练习。

3. 实验练习

（1）制作一个演示文稿，以"我的家乡"为主题。具体要求如下。

① 至少包含 6 张幻灯片。

② 至少插入一种艺术字，至少插入两张图片。

③ 所有幻灯片的标题都需要加粗。

④ 内容丰富。

⑤ 文件名保存为"我的家乡"。

（2）制作一个演示文稿，以"自我介绍"为主题。具体要求如下。

① 至少包括 6 张幻灯片。

② 幻灯片内容包括个人的基本信息及主要经历。

③ 适当地插入剪贴画。

④ 所有幻灯片的标题都需要加粗。

⑤ 文字内容至少包括 3 种字体，并适当使用艺术字。

⑥ 每张幻灯片中的文字内容要求使用不同颜色。

⑦ 文件名保存为"自我介绍"。

实验 4-2　幻灯片特殊效果设置

1. 实验目的

（1）掌握 PowerPoint 2010 主题与背景的设置方法。

（2）掌握如何设置幻灯片之间的切换效果以及幻灯片中内容的动态效果。

（3）掌握在幻灯片中插入视频和音频的方法。

2. 实验内容与步骤

打开实验 4-1 中制作的 PPT，按照以下实验内容与步骤对其进行相关设置。

1）主题与背景的设置

（1）单击"设计"菜单项，在"设计"菜单项下面有许多系统自带的"主题"模板，请随机挑选一个。

（2）在各种"主题"模板的右侧，我们还可以对"主题颜色"以及"主题字体"进行相关设置。

（3）在"背景"操作区域，单击"背景样式"，在下拉菜单中单击"设置背景格式"，出现"设置背景格式"对话框，如图 4-15 所示，在这里可以对"背景格式"进行相关设置。

2）"切换"与"动画"

图 4-15　"设置背景格式"对话框

(1) 单击"切换"菜单项,选中演示文稿中的第一张幻灯片,在"切换"操作栏系统自带的效果中单击"切出",如图 4-16 所示。

图 4-16　"切出"效果

(2) 依照此方法,将剩下的 4 张幻灯片的切换效果分别设置为"随机线条""碎片""传送带"以及"溶解"。

(3) 单击"幻灯片放映",观察效果。

(4) 观察完之后,退出幻灯片放映。

(5) 选中第一张幻灯片,在"编辑区"单击第一张幻灯片的标题"计算机基础实验"。

(6) 当标题处于可编辑状态的时候,单击菜单栏中的"动画"。

(7) 在操作栏系统自带的动画效果中单击"形状",如图 4-17 所示。

(8) 按照此方法,为演示文稿中每一张幻灯片的文字、艺术字、图表分别设置不同的"动画",并通过放映幻灯片,观察效果。

图 4-17 "形状"动画效果

3）插入视频与音频，观看效果并保存文稿

（1）在窗口左边视图中选择第 3 张幻灯片。

（2）在菜单栏中单击"开始"，再单击"新建幻灯片"，然后单击"空白"，这样我们就在第 3 张和第 4 张幻灯片之间插入了一张空白的幻灯片（或者右击鼠标选择"新建幻灯片"）。

（3）选中新建的空白幻灯片，单击菜单栏的"插入"。

（4）单击操作栏中的"音频"，然后单击"文件中的音频"。

（5）在计算机或者其他移动存储设备中找到一段音频，单击"插入"。这里要注意的是，插入音频的格式必须为图 4-18 中的某一格式。

图 4-18 插入音频的格式要求

（6）插入音频以后，如图 4-19 所示，单击音频的图标，然后单击菜单栏中"格式"，在这里就可以修改图标的样式、大小等，如图 4-20 所示。

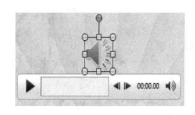

图 4-19 插入音频

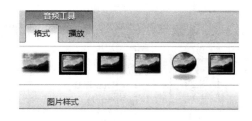

图 4-20 修改音频图标格式

（7）图标的相关信息设置好以后，单击"放映幻灯片"，在插有"音频"的幻灯片中播放该音频。

（8）观察效果之后，退出放映。

（9）选中刚刚插入音频的幻灯片，在菜单栏中单击"开始"，然后单击"新建幻灯片"，再单击"空白",这样我们就在第 5 张和第 6 张幻灯片之间插入了一张空白的幻灯片。

（10）选中刚刚新建的空白幻灯片,单击菜单栏的"插入"。

（11）单击操作栏中的"视频",然后单击"文件中的视频"。

（12）在计算机或者其他移动存储设备中找到一段视频,单击"插入"。这里要注意的是,插入视频的格式必须是图 4-21 中所示的某一格式。

图 4-21　插入视频的格式

（13）插入视频后,我们可以单击视频的图标,对图标的样式、大小等进行设置(具体操作与音频图标的设置相似)。

（14）图标的相关信息设置好以后,单击"放映幻灯片",在插有"音频"的幻灯片中播放该音频。

（15）观察效果之后,退出放映。

（16）单击演示文稿窗口左上角的"保存"图标,保存文稿。

（17）单击演示文稿窗口右上角的"关闭"按钮,即可退出 PowerPoint 2010。

在插入"音频"与"视频"的时候,除了选择"文件中的音频(视频)"以外,还可以插入"剪贴画音频(视频)""来自网站的视频"以及"录制音频",读者可以自行练习。

4）插入超级链接

（1）打开上述过程中建立的 PPT。

（2）在第 1 张幻灯片与第 2 张幻灯片之间新建一张"标题和内容"幻灯片。

（3）在标题框中输入"目录"。

（4）在内容框中分 5 行,每行分别输入"插入剪贴画""插入图表""插入表格""插入视频""插入音频"。

（5）单击"插入剪贴画"。

（6）在菜单项中单击"插入"。

（7）在"插入"选项中单击"超链接",如图 4-22 所示。

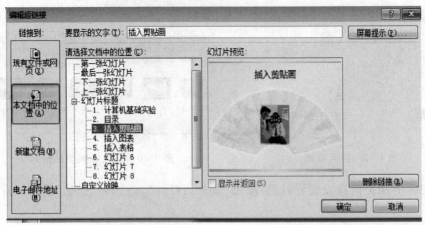

图 4-22　"编辑超链接"对话框

（8）在"链接到"区域单击"本文档中的位置"。

（9）在"请选择文档中的位置"区域,单击"插入剪贴画"。

（10）单击"确定"。用同样的方法把目录中的剩余4项分别链接到对应的幻灯片中,同时,在除了第1张和最后一张幻灯片以及目录所在的其他幻灯片上,添加一个"返回"（也为超链接）,这个"返回"可以是图标,也可以是文字,当单击这个"返回"时,会链接到目录幻灯片。

（11）放映幻灯片,观察效果。

（12）观察效果之后,保存文件,退出。

3．实验练习

新建一个演示文稿,以"我的最爱"为主题,具体要求如下。

（1）至少包括6张幻灯片。

（2）插入艺术字。

（3）将所有标题的字体格式设置为黑色,加粗。

（4）插入一段视频。

（5）插入一段音频。

（6）"视频"与"音频"图标出现的时候有不同的"动画"效果。

（7）为所有标题出现的时候设置不同的"动画"效果。

（8）使各张幻灯片切换时有不同的"切换"效果。

（9）随机设置各张幻灯片的背景。

（10）插入一张图片。

（11）插入"超链接"。

（12）保存演示文稿,并将文件名改为"我的最爱"。

综合大作业

1．作业一

制作演示文稿,以"班级介绍、我们的学校、我最喜欢的老师/歌手/体育明星……"为主题。具体要求如下。

（1）建立演示文档,并输入文档内容。

（2）幻灯片不少于10页,文档应包含各种标点符号、特殊字符等。

（3）文档内容不能类似。

（4）对文档格式进行设置。

（5）设置幻灯片版面并应用设计模板。

（6）设置字符格式,如设置字体、字形、字号、颜色、下划线、边框和底纹等。

（7）设置段落格式,如设置段间距、行间距、缩进方式、对齐方式、边框和底纹等。

（8）设置页面格式,如设置页眉和页脚、页码、日期等。

（9）建立超链接。

（10）必须有一个目录页,通过目录页可以链接到指定页。

（11）设置动作按钮,从指定页可以返回到目录页。

（12）必须有文字、图片等元素分别链接到 Office 应用程序、Web 网页或电子信箱。

（13）进行动画效果的设计。

（14）实现幻灯片切换的动画效果。

（15）按照幻灯片的内容，将文字或图片按顺序显示。

（16）添加声音的效果，突出演示文稿的相关内容。

（17）进行其他文档操作。

（18）插入项目符号和编号，插入图片或绘制图形。

（19）插入表格，并对其进行格式设置，表格要有标题。

（20）进行文稿修饰，要求使用配色方案和背景。

（21）建立幻灯片母版，保证每张幻灯片的格式一致。

（22）插入并编辑数学公式。

（23）插入艺术字，并设置动画效果。

（24）将演示文稿打包。

（25）将文件名保存为"班级介绍"。

（26）按每页 6 张幻灯片的形式将演示文稿打印在一张 A4 纸上。

2．作业二

（1）使用"新建"命令，建立一个空白演示文稿（共 3 页），将背景设置为"填充效果"的"过渡"中的"双色"，颜色自定。设计幻灯片母版，设置日期和时间、页脚（本人姓名）、幻灯片编号，并在左上角插入一张自选图画。将幻灯片采用演示文稿的格式保存在所建的本人文件夹中。

（2）在第 1 张幻灯片中输入如图 4-23 所示的文字，插入一张自选剪贴画并设置背景和边框；插入一张图片，设置为灰度并进行适当剪裁；设置幻灯片中文本的动画效果为左侧飞入，并给剪贴画、图片对象设置自定义动画，效果自选。

图 4-23　图片欣赏

（3）在第 2 张幻灯片中插入图表，图表数据自定，图表类型选择"柱形图"，如图 4-24 所示，为图表设置动画，将"引入图表元素"的方式设置为"按序列"，动画效果自选。

（4）在第 3 张幻灯片中输入如下所示的文字，如图 4-25 所示，并建立与自己所完成的上述考试文件的链接。将演示文稿格式以自己的姓名命名并保存在自己所建的本人文件夹中。

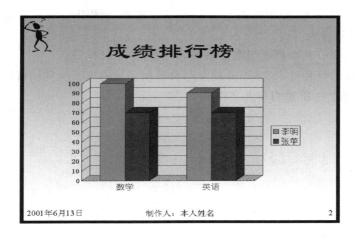

图 4-24　柱形图

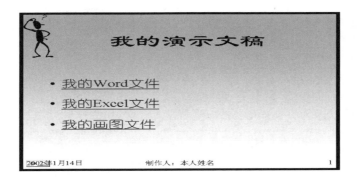

图 4-25　我的演示文稿

3. 作业三

（1）使用"新建"命令，建立一个空白演示文稿（共 4 页），将其背景设置为"填充效果"的"过渡"中的"双色"，颜色自定。

（2）设计幻灯片母版，设置日期和时间、页脚（本人姓名）、幻灯片编号，并在左上角插入一张自选图画。

（3）在第 1 张幻灯片中输入文字，插入一张剪贴画并设置背景和边框，对剪贴画重新着色；插入一张图片，设置为灰度并对其进行适当剪裁。

（4）对幻灯片中的文本设置左侧飞入的动画效果，并为剪贴画、图片对象设置自定义动画"螺旋"。

（5）在第 2 张（销售统计）幻灯片中插入图表，图表数据如表 4-1 所示。

表 4-1

	计算机	打印机	扫描仪
一月	89	100	90
二月	78	70	70

（6）选择图表类型为"分裂饼图"，为图表设置动画，将"引入图表元素"的方式设置为"按类别"，动画效果设为"阶梯状向左上展开"。

（7）在第 3 张幻灯片中插入组织结构图，并按样本进行排版。

（8）在第 4 张幻灯片输入文字，并建立与自己所完成的考试文件的链接。

将演示文稿保存在所建的本人文件夹中。

第5章 网　　络

21世纪是信息的时代。当今社会,信息与信息之间的传递绝大部分靠的是网络,网络可以非常迅速地传递信息。使用网络,我们可以查找资料、浏览信息、看视频,以及与朋友通信等。网络对社会生活的很多方面都产生了巨大影响。因特网作为网络中的代表,近些年取得了突飞猛进的进展。网络加速了信息化的进程,促进了社会各界的交流。现在人们生活的各个方面都已经离不开网络了。

📖 知识储备

1. 网络的组成

一个庞大的机网络,有许多组成部分,如网卡、网线、调制解调器、路由器、终端、TCP/IP协议等。

2. 网络的分类

计算机有许多种分类方法,最常用的一种是按不同的作用范围来分类。这样可以分为4种:广域网 WAN(wide area network)、城域网 MAN(metropolitan area network)、局域网 LAN(local area network)以及个人区域网 PAN(personal area network)。

广域网的作用范围是最大的,通常可以覆盖到几十到几千千米。广域网是因特网的核心部分,它的任务就是在超长的距离上传送主机所发送的数据。

城域网,顾名思义,它的范围一般是覆盖一个城市中的几个街区或者整个城市。城域网被一个单位或者几个单位所拥有。目前大多数城域网采用的都是以太网。

局域网在地理上的应用范围是很小的,这个范围也就是在一千米左右。现在局域网已经被广泛地使用,一个公司、一所学校可以拥有许多个相互联通的局域网。局域网可以共享传输信道而且传输速率很高,但是局域网的传输距离有限,这也是局域网的不足之处。目前,利用局域网,我们可以进行资源共享以及通信交往。

个人区域网是把在自己工作区域的电子设备用无线网络连接起来的网络,在范围上来说,个人区域网覆盖面最小,但用途很大。

根据使用者的不同来进行分类,我们还可以把网络分为公用网和专用网。

3. 连入 Internet

计算机连入 Internet 网络的方式有很多种。我们最早使用的是通过调制解调器进行拨号上网。拨号上网,需要有一根网线、一个调制解调器和一台计算机,用户在拥有自己的账号和密码以后,通过拨打 ISP(互联网服务提供商)的接入号来进行与 Internet 的连接。这种方法在当时是比较流行的方法,而在技术飞速发展的今天,这种方法用的人已经少之又少。后来又出现了 ADSL(asymmetric digital subscriber line)宽带上网,这也是目前使用广泛的一种连入 Internet 的方法。与之前的拨号上网相比,ASDL 方法的速率更快,而且省去了拨号上网的一些复杂过程。目前,除了这两种方法以外,比较流行的另外一种方法就是使用无线局域网 WLAN(wireless local area networks)连入 Internet。这种方法以无线电波作为传输数据的媒介,用户通过无线接入点来接入无线局域网。这种方法使用户摆脱了上网必须使用网线的困扰,使用户上网更加自由、便捷。

4. IP 地址与子网掩码

连接在 Internet 中的主机台数是数以千万的,如何区分这些主机成为一个棘手的问题。为了解决这个问题,人们给每台主机都予以了一个地址,这个地址就是 IP 地址,通过访问每个 IP 地址可以相应地找到该 IP 地址所对应的主机。这样,就可以清楚地区分每一台主机了。IP 分为几个不同的地址类别,这是为了给不同规模的网络提供必要的灵活性。IP 地址可以分为 A 类、B 类、C 类、D 类和 E 类。1 个 A 类地址由 1 个字节的网络地址(网络地址的最高位必须为 0)和 3 个字节的主机地址组成,IP 地址范围的二进制表示为 00000001. 00000000.00000000.00000001(十进制数表示为 1.0.0.1)~01111110. 11111111. 11111111. 11111110(十进制表示为 126.255.255.254),一共有 126 个可用的 A 类网络。

1 个 B 类地址由 2 个字节的网络地址(网络地址的最高两位必须为 10)和 2 个字节的主机地址组成,IP 地址范围的二进制表示为 10000000.00000001.00000000.00000001(十进制表示为 128.1.0.1)~10111111. 11111110. 11111111. 11111110(十进制表示为 191.254. 255.254),一共有 16 382 个可用的 B 类网络。

1 个 C 类地址由 3 个字节的网络地址(网络地址的最高 3 位必须为 110)和 1 个字节的主机地址组成,IP 地址范围的二进制表示为 11000000.00000000.00000001.00000001(十进制表示为 192.0.0.1)~11011111. 11111111. 11111110. 11111110(十进制表示为 223.255. 254.254),一共有 209 万多个可用的 C 类网络。

D 类网络是一个专门保留的地址,不区分网络号和主机号,用于多点广播。它的第一个字节的前 4 位固定为 1110。D 类网络的范围是 224.0.0.1~239.255.255.254。

E 类网络是为将来使用所保留的一类网络,不区分网络号和主机号。

子网掩码用一种可以屏蔽掉一部分 IP 地址的 32 位二进制值,通过屏蔽一部分 IP 地址可以进一步地分离网络地址和主机地址,同时,通过子网掩码可以把每一类网络划分成若干个子网。未划分子网时,子网掩码为缺省子网掩码,即对应网络号的每个位置都为 1,主机号的每个位置都为 0。也即是说 A 类网络的默认子网掩码为 255.0.0.0,B 类网络的默认子网掩码为 255.255.0.0,C 类网络的默认子网掩码为 255.255.255.0。

5. 网关、域名服务与 DHCP

网关,顾名思义,就是一个网络连接到另一个网络的"关口",就是说,数据想要从本地网络被传送到另一个网络,必须跨越过网关。在因特网中,网关是一种连接本地网络与因特上其他网络的中间设备。网关按照其功能分类可以分为协议网关、应用网关、安全网关。

域名服务,也就是我们常说的 DNS(domain name server)。首先解释一下什么是域名(domain name),在网络中,我们要识别一台主机只能依靠每个主机唯一的 IP 地址来进行识别,但是,IP 是一组数字,不方便记忆,所以,我们会给网络上的服务器取上一个有意义且便于记忆的名字,这个名字就是域名。而域名服务(以下简称 DNS)是一组服务和协议,用于映射网络地址号码,也就是说,DNS 可以把不方便记忆的 IP 地址的一串数字映射为便于记忆的名字,同时,域名服务作为可以将域名和 IP 地址相互映射的一个巨大的分布式数据库,能够使人们更方便地访问互联网,而不需要记忆那串能够被机器直接读取的 IP 地址。

DHCP,是动态主机配置协议(dynamic host configuration protocol)的英文缩写。动态主机配置协议(以下简称 DHCP)是用于多台主机集中分配 IP 地址以及与 IP 地址相关信息的协议。在实际中,DHCP 经常与 TCP/IP 的设置统一起来,这样做节省了人工分配和设置地址的时间,同时还可以避免 IP 地址冲突、复用等问题。

6．Internet 服务

Internet 提供了许多种服务供用户工作、生活、娱乐。其中,浏览网页是 Internet 提供的最为普通的一种服务。在浏览器中,我们可以阅读新闻、看图片、看小说、看视频、查找资料等。首次在 Web 浏览器中查看网页时,网页存储在"Internet 临时文件"文件夹中。这可以提高加载您经常访问或已经访问过的网页的速度,因为 Internet Explorer 可以直接从硬盘上而不用从 Internet 上打开这些网页。在浏览器上,还会有搜索引擎。现在的网络信息量大到我们无法想象,如何从这些信息中快速准确地找到我们需要的信息,这就要靠搜索引擎来帮助我们完成。搜索引擎周期性收集信息并且分类储存,以便当用户在搜索的时候,后台数据库可以快速准确地找到这些信息。在浏览器中,我们还可以对我们感兴趣的网页进行收藏,或者把我们需要的信息保存到本地路径中。

IE(Internet Explorer)浏览器是微软公司推出的一款网页浏览器,它与微软公司的 Windows 操作系统相互绑定在一起,当用户计算机中安装了 Windows 操作系统之后,IE 浏览器就已经被安装了在计算机中,可以直接用于网页浏览。目前,除了 IE 浏览器外,还有多种浏览器供用户使用。

7．电子邮件

电子邮件是一种新型的用电子手段进行信息交换的通信方式,也是目前网络最广泛的应用之一。电子邮件编写的界面很简单,有发件人和收件人的地址,还有本封邮件的主题,如图 5-1 所示。电子邮件的内容形式很多,除了文字以外还包括图片、视频、文件等,这些内容都可以被编辑成"附件",与文字信息一起发送给收件人。另外,电子邮件还是一种快捷的通信方式,发送一封邮件所需的时间非常短,不仅可以发送到世界上的任何地方,还省去了传统邮件在路途中的必要时间。这一点极大地方便了用户,满足了人与人之间大量的通信需求,促进了人与人之间的交流,改善了人们的生活。

电子邮件与我们现实生活中的邮寄信件还是很相似的。我们的电子邮件由邮件发送服务器发出,然后根据用户输入的收件人的地址,找到对方的邮件接收服务器并且将这封邮件发送到该服务器上,而收件人访问这个服务器就可以看到自己收到的邮件了。在编写邮件的时候,我们会输入对方的电子邮箱地址,这个地址包括了 3 个部分:用户的账号、分隔符、服务器的域名。用户的账号就是这个电子邮箱的名字,对于同一个接收服务器来说,该账号必须是唯一的。分隔符用"@"来表示,读作"at",表示"在……"的意思。服务器的域名其实就是接收服务器的域名,也就是标识出这个电子邮箱的所在位置。

电子邮件的优点,简单来说就是收发速度快、方便、价格低、范围广、内容形式种类多样、安全性高等。

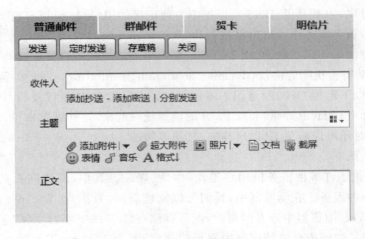

图 5-1　电子邮件

8. DreamWeaver 8

Dreamweaver 8 是建立 Web 站点和应用程序的专业工具。它将可视布局工具、应用程序开发功能和代码编辑支持组合在一起,其功能强大,使得各个层次的开发人员和设计人员都能够快速创建界面吸引人的基于标准的网站和应用程序。从对基于 CSS 的设计的领先支持到手工编码功能,Dreamweaver 为专业人员提供了在集成、高效的环境中所需的工具。开发人员可以使用 Dreamweaver 及所选择的服务器技术来创建功能强大的 Internet 应用程序,从而使用户能连接到数据库、Web 服务和旧式系统,同时,Macromedia Dreamweaver 8 是一款专业的 HTML 编辑器,用于对 Web 站点、Web 页和 Web 应用程序进行设计、编码和开发。无论用户是喜欢直接编写 HTML 代码还是偏爱在可视化的编辑环境中工作,Dreamweaver 都会为用户提供很多有力的工具。在首次使用 Dreamweaver 8 的时候,我们可以对工作区进行设置,如图 5-2 所示。

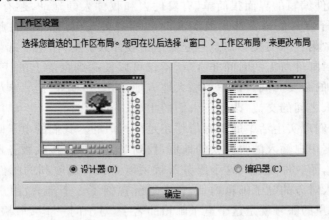

图 5-2　"工作区设置"对话框

Dreamweaver 8 有许多丰富的功能。利用 Dreamweaver 8 中的可视化编辑功能,可以快速创建 Web 页面而无须编写任何代码,可以查看所有站点元素或资源并将它们从易于使用的面板中直接拖到文档中,可以在 Macromedia Fireworks 或其他图形应用程序中创建和编辑图像,然后将它们直接导入 Dreamweaver,从而优化开发工作流程。Dreamweaver 还提供了其他工具,可以简化向 Web 页中添加 Flash 资源的过程。除了可帮助生成 Web 页的拖放功能外,Dreamweaver 还提供了功能全面的编码环境,其中包括代码编辑工具(例如代码颜色、标签完成、“编码”工具栏和代码折叠),以及有关层叠样式表(CSS)、JavaScript、Cold Fusion 标记语言(CFML)和其他语言的语言参考资料。用户可通过 Macromedia 的可自由导入导出 HTML 技术导入手工编码的 HTML 文档,而不用重新设置代码的格式,还可以用自己首选的格式设置样式来重新设置代码的格式。通过 Dreamweaver,还可以使用服务器技术(如 CFML、ASP. NET、ASP、JSP 和 PHP)生成动态的、数据库驱动的 Web 应用程序。如果您偏爱使用 XML 数据,Dreamweaver 也提供了相关工具,可帮助您轻松创建 XSLT 页、附加 XML 文件并在 Web 页中显示 XML 数据。

Dreamweaver 可以完全自定义。您可以创建您自己的对象和命令,修改快捷键,甚至编写 JavaScript 代码,用新的行为、属性检查器和站点报告来扩展 Dreamweaver 的功能。

Dreamweaver 8 包括许多新增功能,只需花费最少的时间和精力便可生成 Web 站点和应用程序。Dreamweaver 使复杂的技术变得简单而方便,以帮助用户达到事半功倍的效果。Dreamweaver 8 中主要的新增功能有“缩放”工具和辅助线、可视化 XML 数据绑定、新的 CSS 样式面板、CSS 布局的可视化、代码折叠、“编码”工具栏、后台文件传输和“插入 Flash 视频”命令等。

Web 站点是一组具有共享属性(如相关主题、类似的设计或共同目的)的链接文档和资源。Macromedia Dreamweaver 8 是一个站点创建和管理工具,通过它不仅可以创建单独的文档,还可以创建完整的 Web 站点。

创建 Web 站点的第一步是规划。为了达到最佳效果,在创建任何 Web 站点页面之前,应对站点的结构进行设计和规划。下一步是设置 Dreamweaver,以便用户可以在站点的基本结构上工作。如果在 Web 服务器上已经具有一个站点,则可以使用 Dreamweaver 来编辑该站点。

Dreamweaver 站点提供了一种可以组织所有与 Web 站点关联的文档的方法。通过在站点中组织文件,可以利用 Dreamweaver 将站点上传到 Web 服务器、自动跟踪和维护链接、管理文件以及共享文件。若要充分利用 Dreamweaver 的功能,需要定义一个站点。

Dreamweaver 站点由 3 部分(或文件夹)组成,具体取决于开发环境和所开发的 Web 站点类型。

本地文件夹是用户的工作目录。Dreamweaver 将该文件夹称为“本地站点”。此文件夹可以位于本地计算机上,也可以位于网络服务器上。这就是被 Dreamweaver 站点所处理的文件的存储位置。用户只需建立本地文件夹即可定义 Dreamweaver 站点。若要向 Web 服务器传输文件或开发 Web 应用程序,还需添加远端站点和测试服务器信息。

远端文件夹是存储文件的位置,这些文件用于测试、生产、协作等,具体取决于开发环境。Dreamweaver 在“文件”面板中将该文件夹称为“远端站点”。一般说来,远端文件夹位于运行 Web 服务器的计算机上。

本地文件夹和远端文件夹使用户能够在本地磁盘和 Web 服务器之间传输文件,可以轻松管理 Dreamweaver 站点中的文件。测试服务器文件夹是 Dreamweaver 处理动态页的文件夹。

 **实验**

实验 5-1　更改 TCP/IP 设置

1. 实验目的

掌握 IP 协议配置的方法。

2. 实验内容和步骤

TCP/IP 可定义用户的计算机与其他计算机的通信方式。若要使 TCP/IP 设置的管理更加简单,建议使用自动动态主机配置协议(DHCP)。如果网络支持 DHCP,则 DHCP 会为网络中的计算机自动分配 Internet 协议(IP)地址。如果使用 DHCP,则将计算机移动到其他位置时,不必更改 TCP/IP 设置,并且 DHCP 不需要手动配置 TCP/IP 设置,例如,域名系统(DNS)和 Windows Internet 名称服务(WINS)。

若要启用 DHCP 或更改其他 TCP/IP 设置,请执行以下步骤。

(1)打开网络和共享中心,单击"更改适配器设置"。

(2)用鼠标右击要更改的连接,然后单击"属性",如图 5-3 所示。如果系统提示输入管理员密码或进行确认,请键入该密码或提供确认。

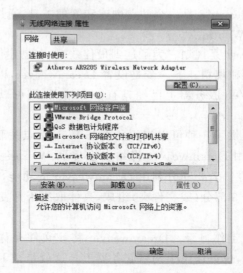

图 5-3　"属性"对话框

(3)单击"网络"选项卡。在"此连接使用下列项目"下,双击"Internet 协议版本 4 (TCP/IPv4)"。双击之后会弹出如图 5-4 所示的对话框。

(4)若要指定 IPv4 IP 地址设置,请执行下列操作之一:

① 若要使用 DHCP 自动获得 IP 设置,请单击"自动获得 IP 地址",再单击"确定";

② 若要指定 IP 地址,请单击"使用下面的 IP 地址",然后在"IP 地址""子网掩码"和"默认网关"框中,键入 IP 地址。

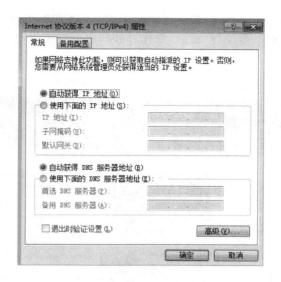

图 5-4 "Internet 协议版本 4(TCP/IPv4)属性"对话框

(5) 若要指定 DNS 服务器地址,请执行下列操作之一:

① 若要使用 DHCP 自动获得 DNS 服务器地址,请单击"自动获得 DNS 服务器地址",然后单击"确定";

② 若要指定 DNS 服务器地址,单击"使用下面的 DNS 服务器地址",然后在"首选 DNS 服务器"和"备用 DNS 服务器"中键入主 DNS 服务器和辅助 DNS 服务器的地址。

(6) 若要更改高级 DNS、WINS 和 IP 设置,请单击"高级"。

(7) 若要安装 IPv4,请以管理员身份运行"命令提示符",键入"netsh interface ipv4 install",然后按 Enter 键。

实验 5-2　Internet 的基础操作

1. 实验目的

(1) 掌握浏览器的基本操作。

(2) 掌握使用网络进行信息检索的方法。

(3) 掌握保存网上信息的方法。

2. 实验内容和步骤

1) 浏览网页

(1) 双击桌面上 IE 浏览器的图标,即可打开浏览设置的默认主页,如图 5-5 所示。

(2) 浏览默认主页中国矿业大学(北京)学校官网上的信息。

(3) 在主页上,随机单击任意一个链接,浏览其中信息。

(4) 浏览完成之后,若想返回主页,可以单击 IE 窗口左上角的一个向左的箭头,这个箭头代表的含义为网页"后退"。

(5) 如果用户想要访问某一给定网址的网页,则可以直接在地址栏内输入网址。

在打开某一网页的时候,可能出现网速过慢或者数据传输延迟的问题,使网页的加载过程出现中断,这时我们可刷新页面,使页面重新加载。在地址栏的最右边有一个半圆形箭头的图标,单击它就可以对页面进行"刷新"操作,同时,也可以使用键盘左上角的 ESC 键来终止页面的网络传输。

图 5-5　浏览器设置的默认主页

2) 网页设置

(1) 双击 IE 图标,打开首页。

(2) 单击网页窗口右上角的"⚙"图标。

(3) 在出现的菜单项中找到"Internet 选项",单击该选项,如图 5-6 所示。

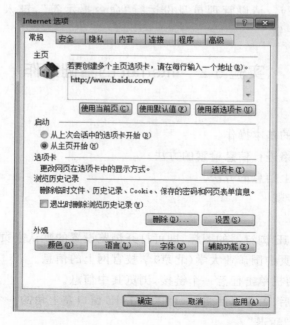

图 5-6　"Internet 选项"对话框

(4) 在"Internet 选项"对话框的"主页"区域中有个输入框,在该框中输入"http://

www.baidu.com/"。

(5) 在"启动"的区域可以选择 IE 浏览器在启动的时候是从上次会话中的选项卡开始还是从主页开始,这里我们选从主页开始。

(6) 在"浏览历史记录"区域中可以看到"退出时删除浏览历史记录"前面有个复选框,若在该框中打上对勾,则网页每次退出时会自动删除一切历史记录。这里我们不打对钩。

(7) 以上几项设置后之后,单击"确定"。

(8) 重启 IE 浏览器观察主页的变化。

(9) 使用上述方法再次打开"Internet 选项"的对话框,单击"高级"选项卡。

(10) 在设置区域内找到"多媒体"的分类项。

(11) 在多媒体分类项下面找到"在网页中播放动画"以及"在网页中播放声音",如图 5-7 所示。

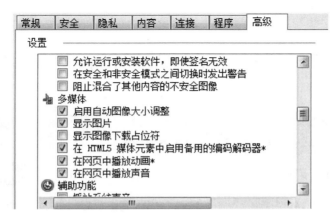

图 5-7 "多媒体"分类项

(12) 把上述两项前面的对钩取消。

(13) 单击"确定",这样在有动画和声音的网页上就不会播放原有的内容了。

对于"Internet 选项"中的其他几个选项,读者可以自行尝试修改其中的某些设置。

3) 检索与保存信息

(1) 在上述操作中,我们已经把 http://www.baidu.com/设为了浏览器的主页,现在打开 IE 浏览器,主页自动进入百度,如图 5-8 所示。

(2) 在窗口中有个输入框,在框中输入"雾霾治理",然后回车。

(3) 窗口中出现了所有关于"雾霾治理"的信息,百度一共为用户找到约 1 970 000 个相关结果,搜索结果如图 5-9 所示。在图 5-9 中红色的字为搜索结果中与输入的关键字相匹配的内容。每个结果下面都会有一段关于此条结果的文字描述,通过这段描述用户可以判断这条结果是否符合要求。

(4) 单击开第一条搜索结果"雾霾治理 百度百科"。

(5) 打以后,找到我们所需要的信息,用鼠标选取相应的内容,然后右击鼠标,在弹出的菜单中单击"复制",如果需要保存的内容为图片,则右击该图片,在弹出的菜单中单击"另存为",然后设置保存路径以及保存的文件名,单击"保存"。

图 5-8　百度

图 5-9　"雾霾治理"搜索结果

（6）接着，新建一个 Word 文档，把刚才我们复制好的内容粘贴到文档中，这样就可以将我们需要的信息保存下来。

除此以外，我们还可以使用网站的信息导航来寻找和检索信息，找到信息以后通过收藏页面的方式对信息进行保存。步骤如下。

① 打开 IE 浏览器。

② 在地址栏输入 http://www.hao123.com/，回车，出现"hao123"的首页。

③ 在"hao123"首页上我们可以看到许多分类，如图 5-10 所示，单击"百度新闻"。

网址	电视剧	电影	头条	娱乐	军事	小游戏	特价	∨
视频	爱奇艺高清	优酷网	迅雷看看	百度视频	美拍	影视大全	网络神剧	更多>>
影视	电视剧	电影	动漫	综艺	电视直播	2015最新大片	我看你有戏	更多>>
游戏	4399游戏	7k7k游戏	17173	百度游戏	37游戏	LOL直播		更多>>
新闻	新浪新闻	搜狐新闻	CNTV	环球网	百度新闻	凤凰新闻		更多>>
军事	中华军事	凤凰军事	环球新军事	军事头条	军事热点	新浪军事		更多>>

新闻	娱乐	军事	体育	直播	NBA	足球	美女	搞笑	游戏	漫画	小说

体育	新浪·NBA	搜狐体育	CCTV5	虎扑体育	体育直播	直播吧	足球彩票	更多>>
邮箱	163邮箱	126邮箱	阿里云邮箱	新浪邮箱	QQ邮箱	网易手机邮箱		更多>>
小说	起点·女生	潇湘书院	百度书城	纵横中文网	创世中文网	小说排行		更多>>
购物	淘宝网	京东商城	亚马逊	1号店	天猫女装	聚划算	易迅网	更多>>
商城	天猫	唯品会	1号店商城	酒仙网	国美在线	苏宁易购	折800	更多>>

购物	特价	团购	银行	汽车	二手车	房产	社区	交友	QQ	音乐	菜谱

音乐	百度音乐	一听音乐	酷狗音乐	酷我音乐	经典老歌	我是歌手3		更多>>
社区	百度贴吧	天涯社区	猫扑	QQ空间	人人网	开心网	豆瓣	更多>>
交友	世纪佳缘	珍爱网	百合网	有缘网	六间房秀场	YY秀场	69美女秀	更多>>
生活	58同城	赶集网	搜房网	焦点房产	78创业商机	安居客房产	百姓网	更多>>

图 5-10　"hao123"主页分类导航

④ 在百度新闻的页面上找到自己感兴趣的一条新闻，单击并打开它。

⑤ 在 IE 浏览器的右上角，单击"★"图标，随即出现如图 5-11 所示的页面。

图 5-11　收藏夹

⑥ 单击"添加到收藏夹"，即可把当前页面放入"收藏夹中"，以便日后查看。

3. 实验练习

利用任意一个搜索引擎，搜索关于你最喜欢的明星的一些资料，并把这些资料保存文一个 Word 文档，将文件名设置为"最喜欢的明星"。

实验 5-3　网页制作

1. 实验目的

(1) 掌握 Dreamweaver 8 的操作界面。

(2) 掌握站点创建的方法。

(3) 能够自定义工作环境。

(4) 进行一个简单的网页设计。

(5) 掌握网页中的文本编辑、表格编辑、图像编辑等操作步骤。

2. 实验内容和步骤

建立一个站点,该站点包含一个文件夹——"images",这个 images 文件夹主要是用来存放图片的。把要用的图片复制到这个文件夹中,也可以通过鼠标拖拽的方式直接拖进去,图片的文件名必须是英文的。建立 3 个网页,分别为 index. html、word. html、table. html,将主页 index. html 的标题设为"我的主页"。

1) 创建本地站点

(1) 打开 Dreamweaver 8,如图 5-12 所示。

图 5-12　初始界面

(2) 单击菜单栏下的"站点"→"新建站点",弹出如图 5-13 所示的对话框。在弹出"新建站点"对话框的"高级"标签中输入如下信息。

① "站点名称":输入站点名称如"myweb"。

② "本地根文件夹":选择本地文件夹如"D:\myweb"。

③"自动刷新本地文件列表":选择是否每次拷贝文件到本地站点时都自动更新本地文件夹列表,这里选中该选项。

④"默认图像文件夹":选择图像所放置的文件夹如"D:\myweb\images"。

注:图像文件夹一定要在站点文件夹下,且一般命名为 image 或 images。

⑤"HTTP 地址":输入实用的完整网站的 URL。

⑥"缓存":选择是否创建一个缓存以提高链接和网站维护任务的速度,这里选中该选项。

(3)设置完毕,单击"确认"按钮,然后在 Dreamweaver 工作界面右侧"浮动面板组"中的"文件"面板中的"文件"标签下就能看到刚才新建的站点 myweb。

(4)如果要对所建立的站点进行修改,可以单击菜单栏下"站点"→"管理站点"→"编辑"。

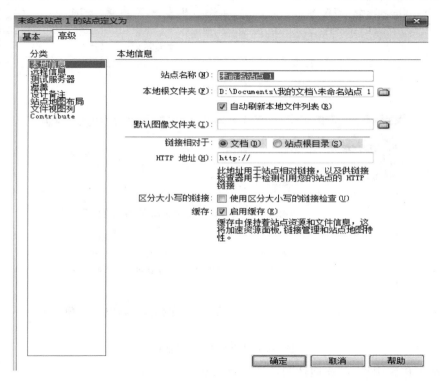

图 5-13　"新建站点"对话框

2)在站点文件列表下新建文件和文件夹

(1)在站点文件列表中右击"站点—myweb(D:\myweb)",在弹出的菜单中选择"新建文件夹",文件列表中就会出现名为"新建文件夹"的文件夹,将该文件夹命名为 images。

(2)在站点文件列表中右击"站点—myweb(D:\myweb)",在弹出的菜单中选择"新建文件",将文件名称改为 index.html,通过同样的操作建立 word.html、table.html。单击"刷新"按钮就能出现新建的文件和文件夹。

3)设计 index.html 网页

(1)在站点文件列表中双击 index.html,打开该网页。

（2）将光标定位到"文档工具栏"中的"标题"，将标题中的内容改为"我的主页"，如图 5-14 所示。

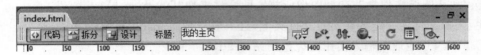

图 5-14　文档工具栏

（3）在窗口中下部的"属性"面板，找到"页面属性"按钮，如图 5-15 所示，单击该按钮。弹出如图 5-16 所示的"页面属性"对话框，单击"背景图像"后面的"浏览"按钮，任意选取一个图片文件，将其添加为背景图像即可。

图 5-15　"属性"面板

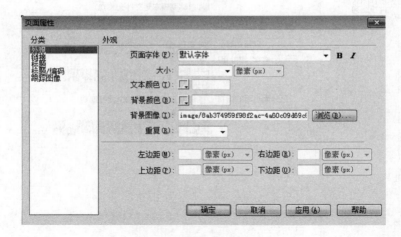

图 5-16　"页面属性"对话框

（4）在工作区中输入"欢迎访问我的主页"，如图 5-17 所示。

（5）浏览测试，按 F12 键进行预览。

4）编辑文字

（1）在上述创建的站点文件列表中双击 word. html，打开该网页。

（2）把标题改为"自我介绍"，输入以下的内容，并且把冒号后的内容补充完整（也可以写自己的内容）。

自我介绍

姓名：

年龄：

爱好：

（3）设置文字格式，选中标题"自我介绍"，在下面的"属性"面板中找到"字体""大小""颜色"工具。

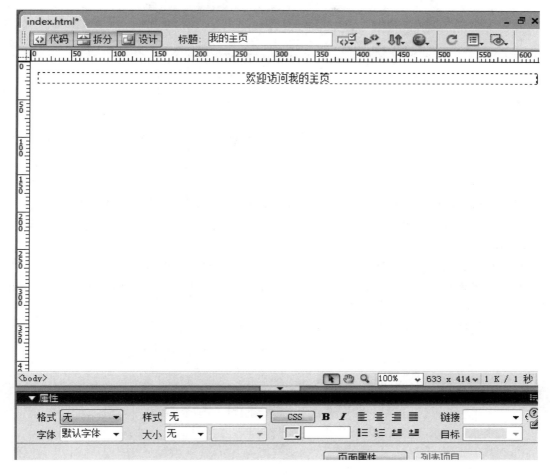

图 5-17　工作区

（4）按从左到右的顺序，把字体设为"黑体"，大小设成"24"，颜色设为绿色，标题一般要醒目些。

（5）再选中下面的 3 行内容，在"属性"面板中，把字体设为"新宋体"，字号设为"18"，颜色设为蓝色。如果字体太少，可以单击列表下边的"编辑字体列表..."，添加其他字体。添加字体的方法是，先在右边的列表中找到字体，再单击中间的"<<"按钮将所选字体添加到左边，然后单击上边的加号按钮，即可添加字体，如图 5-18 所示。

（6）设好以后，在"属性"面板的第一排，"样式"旁边会出现一个"STYLE2"，这是自动保存了字体、字号、颜色的样式表，用户下次可以直接用，不用再一一设置。

（7）选中 3 行内容，在"属性"面板中单击居中按钮"≡"，这样文字就自动排到中间的位置，一般标题放在居中的位置，然后保存文件。

（8）在"属性"区域中，单击"页面属性..."按钮"页面属性..."，随即弹出一个面板。

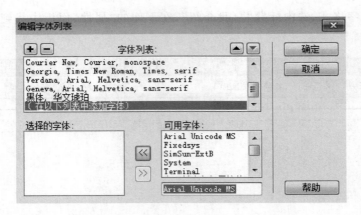

图 5-18 "编辑字体列表"对话框

（9）单击"背景颜色"，在弹出的调色板中，随机选择一个颜色，然后单击"确定"。

（10）保存文件，单击预览按钮"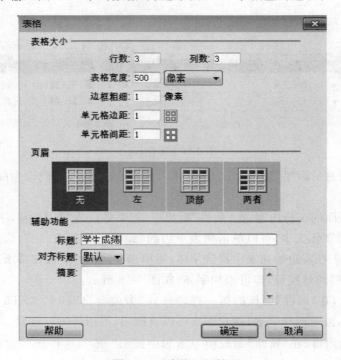"。

5）插入表格

（1）在上述创建的站点文件列表中双击 table.html，打开该网页。

（2）单击菜单栏中的"插入"，然后找到"表格"，并单击它，随即会弹出一个对话框，如图 5-19 所示，修改表格的行列数和宽度。

（3）在表格中输入图 5-19 中的数据，并选中图 5-19 中相应的选项。

图 5-19 "表格"对话框

（4）单击"确定"。

（5）在表格的第 1 行分别输入"序号""姓名""成绩"。

（6）在表格的第 2 行分别输入"1""张三""78"。

（7）在表格的第 3 行分别输入"2""李四""87"。

（8）选中表格的每一列，在窗口下方的"属性"面板，可以对表格的背景颜色、背景图像、边框颜色，以及其他属性进行设置。

（9）按"Ctrl"＋"S"保存该网页。

（10）按 F12 键进行预览。

6）超级链接的建立

（1）双击上述步骤中创建的 index.html，在工作区中输入"文字"，回车，输入"表格"。

（2）选中文字"文字"，然后右击鼠标，在弹出的快捷菜单中单击"创建链接"，随即会出现一个对话框，如图 5-20 所示。

（3）在图 5-20 中单击 word.html。

图 5-20　链接"选择文件"对话框

（4）单击"确定"。

（5）使用同样的方法，将 index.html 页面中的"表格"链接到 table.html。

（6）回到 index.html，按 F12 键进行预览。

3．实验练习

创建一个以"家乡介绍"为主题的站点，具体要求如下。

（1）在主页中插入标题链接，单击相应的标题就可以链接到相应的页面。

（2）至少包含 4 个页面。

（3）插入表格。

（4）页面中出现的文字至少使用 3 种不同的字体、颜色。

（5）将每个页面设置成不同的背景（不同的背景图像或者背景颜色）。

（6）在每个页面（除了主页以外）设置一个返回主页的链接。

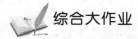 **综合大作业**

1. 作业一

建立一个个人网站,具体要求如下。

(1) 至少包含 6 个页面。

(2) 要包括自己的个人信息、履历信息和特长爱好等内容。

(3) 首页是主页,以"Index.htm"命名,主页应包含网站标志和网站导航。

(4) 包含超链接,可以链接到其他网站。

(5) 包含图片。

(6) 包含超级链接。

(7) 包含表格。

(8) 在每个页面(除了主页以外)设置一个返回主页的链接。

(9) 网站规划合理、布局协调、设计美观。

(10) 网页的设计有比较突出的特色,个性鲜明。

2. 作业二

使用 Web 向导建立一个个人网站,存放在 E 盘或 F 盘上自己所建的文件夹下,要求如下。

(1) 采用纵向框架结构。

(2) 该站点共 4 个网页,添加一个空白网页。

(3) 将空白网页改名为"个人主页",其他 3 页的名称分别改为"个人信息""图片欣赏""热点链接"。

(4) 将"个人主页"移至第一页。

(5) 添加自选主题(也可不使用主题)。

3. 作业三

设计个人主页,如图 5-21 所示,要求如下。

(1) 在个人主页上添加自己设计的文字并排版。

(2) 插入一张自选图片、插入滚动文字。

(3) 存盘后在浏览器中进行预览。

图 5-21 个人主页

4．作业四

设计左框架网页，要求如下。

（1）在左框架网页中添加自选的图片项目符号。将设置项目符号的各行设置为"正文"样式。

（2）在适当位置插入图片、文字或自己绘制的图形。

5．作业五

设计图片欣赏网页，如图 5-22 所示，要求如下。

图 5-22　图版欣赏网页

（1）根据要插入的图片的数量插入一个表格（例如 3 列 2 行）。

（2）在各个单元格中插入图片（可以是剪贴画、来自文件的图片或网上下载的图片）。

（3）设置图片的尺寸大小一致（例如长 4 cm、宽 4 cm）通过设置使表格大小根据内容自动调整。

6．作业六

设计个人信息网页，如图 5-23 所示，要求如下。

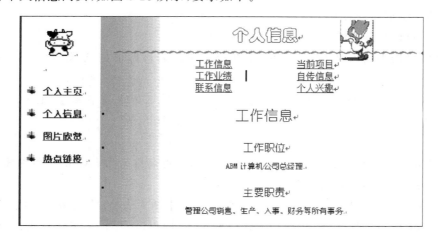

图 5-23　个人信息网页

（1）将目录部分排成两列。删除不需要的目录，并添加所需的目录。

（2）输入或修改个人信息后进行排版，在需要处插入书签或设置样式。

（3）建立指向插入书签或内置样式的超级链接。

7. 作业七

设计热点链接网页，要求如下。

（1）在本地机查找一个 Word 文档将其转换为 HTML 文档，并存放在自己所建的站点文件夹中。

（2）在网页中创建超级链接"文章欣赏"并链接至由 Word 文档转换后生成的 HTML 文档。指定鼠标指针停留在超级链接上时显示的屏幕提示为文章名称。

（3）创建超级链接"照片欣赏"并在本地硬盘上链接一个照片文档。

（4）创建超级链接"推荐网站"并链接一个网址。

（5）创建超级链接"推荐程序"，将一个应用程序复制到自己站点所在的文件夹中，并建立与该程序的链接。

8. 作业八

（1）在自己制作的网页中添加自选背景。

（2）在自己制作的网页中添加视频。设置播放方式为"鼠标移过，插放 1 次"。

9. 作业九

在主页上创建超级链接"意见反馈"并链接一个电子邮件地址，邮件主题是"网民意见"，指定鼠标指针停留在超级链接上时显示的屏幕提示为"请您给我们提出宝贵意见！"

10. 作业十

将自己制作的网站发布，方法如下。

（1）将放置网页的文件夹设置为 Web 站点。

① 双击 PWS 图标（如未打开，则可双击桌面上的"发布"图标）。

② 选择"高级"，再选择"添加"。

③ 使用"浏览"将要发布的文件夹选中。

④ 在"别名"处给定网站的名称后，单击"确定"（例如：myweb）。

（2）使用浏览器查看发布的网站。

① 查看自己机器上的 IP 地址。运行 winipcfg。

② 在浏览器中输入要访问机器的 IP 地址和网站名称即可浏览，如 http://10.1.3.2/myweb/。

注：访问网站时在地址中可以不给出网页名称。默认的主页名称为"default.htm"，为了便于访问，应将自己网站中的主页名称命名为"default.htm"。

11. 作业十一

（1）建立一个带有本机 IP 地址的"个人站点"，站点名称为"wmweb"。删除该网站的主题和共享边框。将"default.htm"改名为"index.htm"。

（2）新建一个"目录"框架网页，在左边的框架页中插入表格（将表格边框线设置为 0）。建立如图 5-24 所示的导航条，并建立与相应网页的链接（interest 页在新建窗口打开，其他页在右边框架中打开）。

（3）在左边框架网页中插入如图 5-24 所示的计数器与悬停图片。

（4）将 index 页作为右边框架中的初始网页，插入横幅广告，宽度、高度及图片内容自定。插入自己设计的滚动字幕，并改变字体、字号与颜色。

图 5-24 个人站点

（5）使用包含网页方法或共享边框方法，在 index、favorite、interest 3 个网页中建立相同的网站标题"欢迎来到＊＊＊的站点"与自选图形。

（6）将一张图片（jpg 文件）和一个 HTML 文件导入到自己所建的个人网站中，在 favorite 网页中建立与该文件的链接（要求：在新建窗口中打开这两个文件）。

（7）在 interest 网页中插入如图 5-25 所示的表单（使用表格安排布局）。其中"爱好"下拉菜单表单域中选项是"music""sport""reading"。

图 5-25 interest 网页

（8）将以上表单结果文件存为 HTML 中的带格式文本，放在当前网站的根文件夹中。在 interest 网页中建立与结果文件的超链接。

（9）在 photos 网页中（图 5-26）设置缩略图属性：宽度 50；在当前网页中删除原来的图片，重新插入两张图片，一张创建缩略图，另一张建立矩形热区，并设置热点的链接目标为当前网站的一个 HTML 文件。

（10）自己设计 photos 网页的背景，在网页上添加一个当鼠标划过可改变的图片（使用动态 HTML 效果）。

图 5-26   photo 网页

第6章　Python 基础实验

Python 是一个高层次的结合了解释性、编译性、互动性和面向对象的脚本语言。

Python 的设计具有很强的可读性，其他语言经常使用英文关键字和一些标点符号，Python 具有比其他语言更有特色语法结构。具体表现在以下几个方面。

（1）Python 是一种解释型语言。这意味着 Python 的开发过程中没有编译这个环节。类似于 PHP 和 Perl 语言。

（2）Python 是交互式语言。这意味着可以在一个 Python 提示符"＞＞＞"后直接执行代码。

（3）Python 是面向对象的语言。这意味着 Python 支持面向对象的风格，是代码封装在对象中的编程技术。

（4）Python 是初学者的语言。Python 对初级程序员而言，是一种伟大的语言，它支持广泛的应用程序开发，从简单的文字处理到 WWW 浏览器再到游戏。

 实验

实验 6-1　Python 的安装与使用

1．实验目的与要求

（1）安装 Python 开发环境。

（2）使用 Python 提供的 IDLE 集成开发环境，编写第一个 Python 程序。

2．实验内容

1）安装 Python 开发环境

（1）进入 Python 官网 https://www.python.org，如图 6-1 所示。

（2）Python 当前最新的版本是 3.8.1，在 Pyhton 官网主页单击 Downloads 标题，进入下载页面，然后单击红框的按钮即可进行下载，如图 6-2 所示。

（3）安装包下载完成后，进入安装包下载目录运行安装包，进入 Python 安装向导图。在该页特别要注意勾上"Add Python3.8 to PATH"选项，该选项允许 Python 安装程序自动注册 Path 环境变量，如图 6-3 所示。

图 6-1　Python 官网

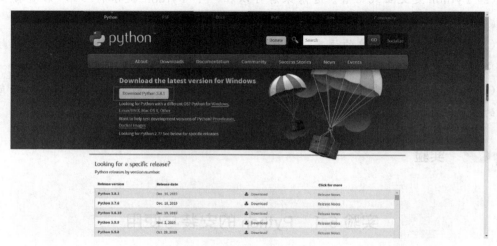

图 6-2　Python 下载界面

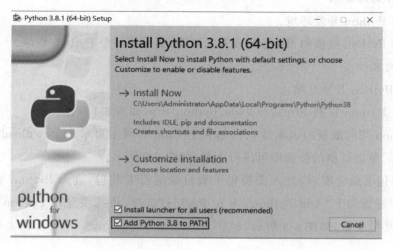

图 6-3　Python 安装界面

（4）选择所需的安装项。安装项包括 Python 文档、IDLE 集成开发环境、Python 标准测试库、PIP 工具（用于下载和安装 Python 的第三方库）。这些安装项都很重要，直接选择"Next"按钮进入下一步，如图 6-4 所示。

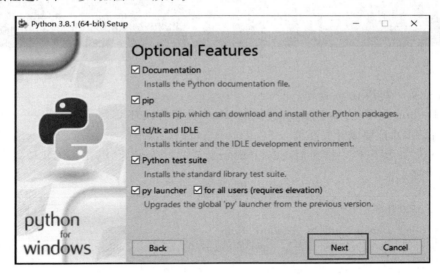

图 6-4　Python 选择安装项

（5）选择 Python 高级安装选项，包括设定安装目录、关联文件选项、将 Python 添加到系统环境变量等。接受默认选项，选择"Install"开始安装，如图 6-5 所示。

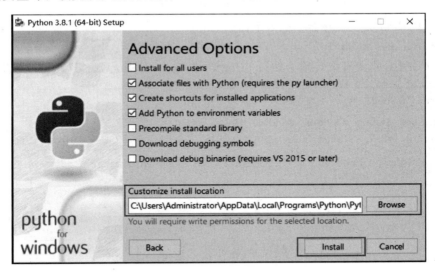

图 6-5　Python 高级选项

（6）安装完成后，需要验证 Python 是否安装成功，进入 Windows 命令行窗口，在命令行窗口中输入"Python"命令。如果出现 Python 的相关内容，则说明 Python 安装成功。（在此说明下图是 Python 3.7.0 版本，不是最新版本，如图 6-6 所示。）

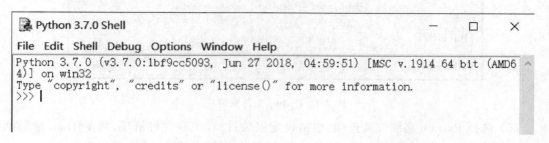

图 6-6　Python 验证

2）编写第一个 Python 程序

编写 Python 程序，启动 Python 提供的 IDLE 集成开发环境。

（1）启动 IDLE 集成开发环境

在 Windows 程序栏中找到 IDLE（Python3.7 64bit），启动 Python IDLE 集成开发环境，如图 6-7 所示。

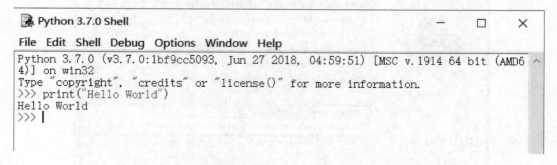

图 6-7　Python IDLE 界面

（2）在 Python 交互解释器中输入下面的语句：

```
>>> print("Hello World")
```

Python IDLE 集成开发环境会执行 print 语句，输出"Hello World"，如图 6-8 所示。

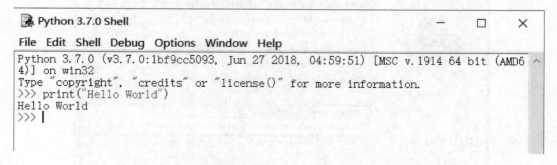

图 6-8　执行 print 语句

3．实验练习

掌握了 Python 的下载与安装；

```
print ("Hello World!")
print("Hello Again")
print("I like typing this.")
print "This is fun."
```

```
print 'Yay! Printing.'
print "I'd much rather you 'not'."
print 'I "said" do not touch this.'
```

实验 6-2　Python 语言基础

1. 实验目的与要求

（1）了解 Python 语言的基本语法和编码规范。

（2）掌握 Python 语言的变量赋值、运算符、常量、变量、列表、元组、字典和集合等基础知识。

（3）学习 Python 常用语句。

2. 实验内容

1）Python 的 IDLE 使用

启动 IDLE，在 File 下选择 New File 创建新文件，完成后保存运行 Run(F5)。

2）运算符

```
x = 3
x += 3
print(x)
x -= 3
print(x)
x *= 3
print(x)
x /= 3
print(x)
```

执行结果如下：

```
6
3
9
3.0
```

3）变量赋值

```
a = 10
a += 1
print (a)
a * = 10
print (a)
a ** = 2
print (a)
```

执行结果如下：

```
11
```

```
110
12100
```

4）列表

(1) >>> cheeses = ['Cheddar', 'Edam', 'Gouda']
    >>> numbers = [42, 123]
    >>> empty = []
    >>> print(cheeses, numbers, empty)
    ['Cheddar', 'Edam', 'Gouda'] [42, 123] []

(2) >>> cheeses = ['Cheddar', 'Edam', 'Gouda']
    >>> 'Edam' in cheeses
    True
    >>> 'Brie' in cheeses
    False

(3) >>> t = ['a', 'b', 'c']
    >>> t.append('d')
    >>> t
    ['a', 'b', 'c', 'd']

5）元组

(1) >>> t1 = 'a',
    >>> type(t1)
    <class 'tuple'>

    >>> t2 = ('a')
    >>> type(t2)
    <class 'str'>

(2) >>> t = tuple()
    >>> t
    ()

    >>> t = tuple('lupins')
    >>> t
    ('l', 'u', 'p', 'i', 'n', 's')

(3) >>> t = ('a', 'b', 'c', 'd', 'e')
    >>> t[0]
    'a'

    >>> t[1:3]
    ('b', 'c')

6）字典

```
>>> eng2sp = {'one':'uno','two':'dos','three':'tres'}
>>> eng2sp
{'one':'uno','three':'tres','two':'dos'}

>>> eng2sp['two']
'dos'

>>> eng2sp['four']
KeyError:'four'
```

7）集合

```
a = {1,2,0,(1,2,3),'a','b','b'}
print (a)

{0, 1, 2, 'b', (1, 2, 3), 'a'}
```

3. 实验练习

（1）格式输出。

```
print("%d %d %d"%(1,2,3))
print("%d %d %d"%(1.1,2.5,3.6))
print("%e %e %e"%(1.1,2.5,3.6))
print("%f %f %f"%(1.1,2.5,3.6))
print("%5.2f %5.3f %6.7f"%(1.1,2.5,3.6))
print("%10.2f %5.3f %6.7f"%(12345.12345,2.5,3.6))
```

（2）下边的列表操作会打印什么内容？

```
>>> list1 = [1, 3, 2, 9, 7, 8]
>>> list1[2:5]
```

（3）下边这些代码，它们都在执行一样的操作吗？你看得出差别吗？

```
>>> a = dict(one = 1, two = 2, three = 3)
>>> b = {'one': 1,'two': 2,'three': 3}
>>> c = dict(zip(['one','two','three'],[1, 2, 3]))
>>> d = dict([('two', 2), ('one', 1), ('three', 3)])
>>> e = dict({'three': 3,'one': 1,'two': 2})
```

实验 6-3 Python 字符串与流程控制

1. 实验目的与要求

（1）了解 Python 语言的基本语法和编码规范。

（2）掌握 Python 语言的字符串和流程控制等基础知识。

（3）学习 Python 常用语句。

2. 实验内容

1）字符串

```
>>> fruit = 'banana'
>>> len(fruit)
6

>>> word = 'banana'
>>> index = word.find('a')
>>> index
1

>>> 'a' in 'banana'
True
>>> 'seed' in 'banana'
False
```

2）条件结构

（1）x = 10

```
if  x % 2 == 0：
    print('x is even')
else：
    print('x is odd')
```

执行结果如下：

```
x is even
```

（2）x,y = 3,3

```
if  x < y：
    print('x is less than y')
elif  x > y：
    print('x is greater than y')
else：
    print('x and y are equal')
```

执行结果如下：

```
x and y are equal
```

（3）x,y = 3,5

```
if  x == y：
    print('x and y are equal')
else：
    if  x < y：
        print('x is less than y')
    else：
```

```
        print('x is greater than y')
```
执行结果如下：

```
    x is less than y
```

3）循环结构

（1）使用 while 来计算 1 到 100 的总和。

```
    n = 100
    sum = 0
    counter = 1
    while counter <= n：
        sum = sum + counter
        counter += 1


    print("1 到 %d 之和为：%d" % (n,sum))
```
执行结果如下：

```
    1 到 100 之和为 5 050
```

（2）循环输出数字，并判断大小。

```
    count = 0
    while count < 5：
        print (count, " 小于 5")
        count = count + 1
    else：
        print (count, " 大于或等于 5")
```
执行结果如下：

```
    0   小于 5
    1   小于 5
    2   小于 5
    3   小于 5
    4   小于 5
    5   大于或等于 5
```

（3）sites = ["Baidu", "Google","Runoob","Taobao"]

```
    for site in sites：
      if  site == "Runoob"：
          print("菜鸟教程!")
          break
          print("循环数据 " + site)
      else：
          print("没有循环数据!")
      print("完成循环!")
```
执行结果如下：

循环数据 Baidu

循环数据 Google

菜鸟教程!

完成循环!

(4) for i in range(5):

　　print(i)

0

1

2

3

4

3. 实验练习

(1) 判断闰年。

闰年分为普通闰年和世纪闰年。普通闰年:公历年份是 4 的倍数,且不是 100 的倍数,该年为闰年(如 2004 年就是闰年)。世纪闰年:公历年份是整百数,且是 400 的倍数,该年为世纪闰年(如 1900 年不是世纪闰年,2000 年是世纪闰年)。

(2) 打印九九乘法表。

实验 6-4　Python 函数

1. 实验目的与要求

(1) 了解函数的概念。

(2) 了解局部变量与全局变量的作用域。

(3) 学习声明与函数调用的方法。

(4) 学习使用函数的参数和返回值。

(5) 学习使用函数的内置函数。

2. 实验内容

1) 声明和调用函数

(1) 创建 Python 自定义函数

```
# 定义函数
def test_a():
    print('hello world')
```

(2) 创建 Python 调用函数

```
# 调用函数
test_a()
```

2) 全局变量与局部变量

```
name = "jack"
drink = "orange"
```

```
    fruit = ["pear", "peach"]  #可以直接被全局修改
    student = {"macale":120, "canne":170} #可以被全局修改

    def func():
        global drink     #通过global直接被修改为全局变量

        name = "may"      #只能被局部修改
        drink = "mulk"
        fruit[0] = "banana"
        student["macale"] = 200

        print("name:%s" % name)
        print("drink:%s" % drink)
        print("fruit:{0}".format(fruit))
        print("student:{0}".format(student))

    func()
    print("-- name:%s", name)
    print("-- drink:%s", drink)
    print("-- fruit:{0}".format(fruit))
    print("student:{0}".format(student))
```

输出结果：

```
    name:may
    drink:mulk
    fruit:['banana', 'peach']
    student:{'macale': 200, 'canne': 170}
    -- name:%s jack
    -- drink:%s mulk
    -- fruit:['banana', 'peach']
    student:{'macale': 200, 'canne': 170}
```

3）函数参数和返回值

（1）函数按值传递参数

```
    def double(arg):
        print('Before:', arg)
        arg = arg * 2
        print('After:', arg)

    num = 10
    double(num)
```

```
print('num:', num)
saying = 'Hello'
double(saying)
print('saying:', saying)
```

输出结果如下：

```
Before: 10
After: 20
num: 10
Before: Hello
After: HelloHello
saying: Hello
```

（2）函数按引用传递参数

```
def change(arg):
    print('Before:', arg)
    arg.append('More data')
    print('After:', arg)


numbers = [42, 256, 16]
change(numbers)
print(numbers)
```

输出结果如下：

```
Before: [42, 256, 16]
After: [42, 256, 16, 'More data']
numbers: [42, 256, 16, 'More data']
```

（3）id 函数输出变量地址

```
str1 = "这是一个变量"
print("变量 str1 的值是:" + str1)
print("变量 str1 的地址是:%d" % (id(str1)))
str2 = str1
print("变量 str2 的值是:" + str2)
print("变量 str2 的地址是:%d" % (id(str2)))
str1 = "这是另一个变量"
print("变量 str1 的值是:" + str1)
print("变量 str1 的地址是:%d" % (id(str1)))
print("变量 str2 的值是:" + str2)
print("变量 str2 的地址是:%d" % (id(str2)))
```

执行结果如下：

```
变量 str1 的值是:这是一个变量
变量 str1 的地址是:2287593530960
```

变量 str2 的值是:这是一个变量

变量 str2 的地址是:2287593530960

变量 str1 的值是:这是另一个变量

变量 str1 的地址是:2287593551104

变量 str2 的值是:这是一个变量

变量 str2 的地址是:2287593530960

（4）函数的返回值

```python
def test1():
    print("in the test1")#无返回值


def test2():
    print("in the test2")#返回 0
    return 0


def test3():
    print("in the test3")#返回参数
    return 'test3'


def test4():
    print("in the test4")#返回函数
    return test2()


x = test1()
y = test2()
z = test3()
a = test4()
print(x)
print(y)
print(z)
print(a)
```

执行结果如下:

```
in the test1
in the test2
in the test3
in the test4
in the test2
None
0
test3
```

0

4) Python 的一些常用内置函数

(1) 数学相关

abs(a)：求取绝对值。例如,abs(-1)>>> 1。

max(list)：求取 list 最大值。例如,max([1,2,3])>>> 3。

min(list)：求取 list 最小值。例如,min([1,2,3])>>> 1。

sum(list)：求取 list 元素的和。例如,sum([1,2,3])>>> 6。

sorted(list)：排序,并返回排序后的 list。

len(list)：list 长度。例如,len([1,2,3])。

divmod(a,b)：获取商和余数。例如,divmod(5,2)>>> (2,1)。

pow(a,b)：获取乘方数。例如,pow(2,3)>>> 8。

round(a,b)：获取指定位数的小数。a 代表浮点数,b 代表要保留的位数。例如,round(3.1415926,2)>>> 3.14。

range(a[,b])：生成一个 a 到 b 的数组,左闭右开。例如,range(1,10)>>> [1,2,3,4,5,6,7,8,9]。

(2) 类型转换

int(str)：转换为 int 型。例如,int('1')>>> 1。

float(int/str)：将 int 型或字符型转换为浮点型。例如,float('1')>>> 1.0。

str(int)：转换为字符型。例如,str(1)>>> '1'。

bool(int)：转换为布尔类型。例如,str(0) >>> False str(None) >>> False。

bytes(str,code)：接收一个字符串与所要编码的格式,返回一个字节流类型。例如,bytes('abc', 'utf-8') >>> b'abc';bytes(u'爬虫', 'utf-8') >>> b'\xe7\x88\xac\xe8\x99\xab'。

list(iterable)：转换为 list。例如,list((1,2,3)) >>> [1,2,3]。

iter(iterable)：返回一个可迭代的对象。例如,iter([1,2,3]) >>> < list_iterator object at 0x0000000003813B00 >。

dict(iterable)：转换为 dict。例如,dict([('a', 1), ('b', 2), ('c', 3)]) >>> {'a':1,'b':2, 'c':3}。

enumerate(iterable)：返回一个枚举对象。

tuple(iterable)：转换为 tuple。例如,tuple([1,2,3]) >>>(1,2,3)。

set(iterable)：转换为 set。例如,set([1,4,2,4,3,5]) >>> {1,2,3,4,5} set({1:'a',2:'b', 3:'c'}) >>> {1,2,3}。

hex(int)：转换为 16 进制。例如,hex(1024) >>> '0x400'。

oct(int)：转换为 8 进制。例如,oct(1024) >>> '0o2000'。

bin(int)：转换为 2 进制。例如,bin(1024) >>> '0b10000000000'。

chr(int)：转换数字为相应 ASCII 码字符。例如,chr(65) >>> 'A'。

ord(str)：转换 ASCII 字符为相应的数字。例如,ord('A') >>> 65。

(3) 功能相关

eval()：执行一个表达式,或字符串作为运算。例如,eval('1+1') >>> 2。

exec()：执行 Python 语句。exec(' print("Python")') >>> Python。

filter(func, iterable)：通过判断函数 fun,筛选符合条件的元素。例如,filter(lambda x: x>3, [1,2,3,4,5,6]) >>> < filter object at 0x0000000003813828 >。

map(func, * iterable)：将 func 用于每个 iterable 对象。例如,map(lambda a,b: a+b, [1,2,3,4], [5,6,7]) >>> [6,8,10]。

zip(* iterable)：将 iterable 分组合并。返回一个 zip 对象。例如,list(zip([1,2,3],[4,5,6])) >>> [(1, 4), (2, 5), (3, 6)]。

type()：返回一个对象的类型。

id()：返回一个对象的唯一标识值。

hash(object)：返回一个对象的 hash 值,具有相同值的 object 具有相同的 hash 值。例如,hash(' python ') >>> 7070808359261009780。

help()：调用系统内置的帮助系统。

isinstance()：判断一个对象是否为该类的一个实例。

issubclass()：判断一个类是否为另一个类的子类。

globals()：返回当前全局变量的字典。

next(iterator[, default])：接收一个迭代器,返回迭代器中的数值,如果设置了 default,则当迭代器中的元素遍历后,输出 default 内容。

reversed(sequence)：生成一个反转序列的迭代器。例如,reversed(' abc ') >>> [' c ',' b ',' a ']。

3. 实验练习

（1）写一个函数,判断用户传入的对象(字符串、列表、元组)的元素是否为空。

（2）写一个函数,用于分别统计字符串中字母、数字、空格、其他字符的个数,并返回结果。

实验 6-5　Python 函数的其他相关结构

1. 实验目的与要求

（1）学习 lambda 表达式。

（2）学习 map()表达式。

（3）学习 filter()函数。

（4）学习 zip()函数。

（5）学习闭包(closure)和递归函数。

2. 实验内容

1）使用 lambda 表达式

```
# lambda 表达式,是为了解决简单函数的情况,例如:
def func(a1,a2):
        return a1 + a2

func = lambda a1,a2:a1 + a2
wdc = func(100,200)
```

```
        print(wdc)
```
执行结果如下：
```
    300
```
2）使用 filter( )函数

过滤出列表中的所有奇数。
```
    def is_odd(n):
        return n % 2 == 1

    tmplist = filter(is_odd, [1, 2, 3, 4, 5, 6, 7, 8, 9, 10])
    newlist = list(tmplist)
    print(newlist)
```
执行结果如下：
```
    [1, 3, 5, 7, 9]
```
3）使用 map( )函数
```
    >>> def square(x):                    #计算平方数
    ...         return x ** 2
    ...
    >>> map(square, [1,2,3,4,5])           #计算列表中各个元素的平方
    [1, 4, 9, 16, 25]
    >>> map(lambda x: x ** 2, [1, 2, 3, 4, 5])   #使用 lambda 匿名函数
    [1, 4, 9, 16, 25]

    #提供了两个列表,对相同位置的列表数据进行相加
    >>> map(lambda x, y: x + y, [1, 3, 5, 7, 9], [2, 4, 6, 8, 10])
    [3, 7, 11, 15, 19]
```
4）使用 zip( )函数
```
    >>> a = [1,2,3]
    >>> b = [4,5,6]
    >>> c = [4,5,6,7,8]
    >>> zipped = zip(a,b)                  #打包为元组的列表
    [(1, 4), (2, 5), (3, 6)]

    >>> zip(a,c)                           #元素个数与最短的列表一致
    [(1, 4), (2, 5), (3, 6)]

    >>> zip( * zipped)                     #与 zip 相反, * zipped 可理解为解压,#
```
返回二维矩阵式
```
    [(1, 2, 3), (4, 5, 6)]
```

5）使用闭包函数

按照如图 6-9 所示，进行练习。

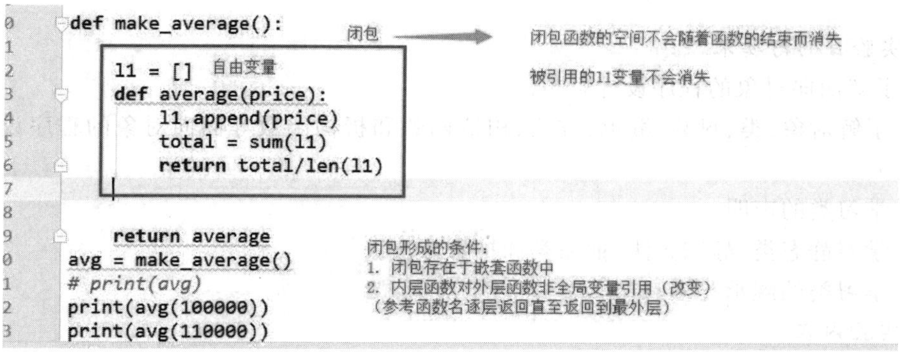

```
0    def make_average():                          闭包函数的空间不会随着函数的结束而消失
1
2        l1 = []      自由变量                      被引用的l1变量不会消失
3        def average(price):
4            l1.append(price)
5            total = sum(l1)
6            return total/len(l1)
7
8
9        return average
0    avg = make_average()          闭包形成的条件：
1    # print(avg)                   1. 闭包存在于嵌套函数中
2    print(avg(100000))            2. 内层函数对外层函数非全局变量引用（改变）
3    print(avg(110000))               （参考函数名逐层返回直至返回到最外层）
```

闭包 →

图 6-9　闭包

6）使用递归函数

如下是一个三层汉诺塔的问题。

```
def move(n,a,b,c):
    if  n==1：
        print (a+'-->'+c)
    else：
        move(n-1,a,c,b)
        print(a+'-->'+c)
        move(n-1,b,a,c)
    if __name__ == {__main__'：
        move(3,'A','B','C')
```

执行结果如下：

A--> C

A--> B

C--> B

A--> C

B--> A

B--> C

A--> C

3. 实验练习

（1）递归求 10!。

（2）递归求斐波那契数列。

（3）输出下列程序的结果：

```
g = lambda x, y = 1, z = 2：x + y + z
print(g(1))
print(g(1,y = 3,z = 4))
```

实验 6-6　Python 面向对象的程序设计

1. 实验目的与要求

(1) 了解面向对象的程序设计思想。

(2) 了解对象、类、封装、继承、方法、构造函数和析构函数等面向对象的程序设计的基本概念。

(3) 学习类的声明。

(4) 学习静态类、静态方法、抽象类和抽象方法。

(5) 学习类的继承与多态。

2. 实验内容

1) 类的相关使用

```python
class Animal(object):  # 类对象

    age = 0  # 公有类属性
    __like = None  # 私有类属性

    def __init__(self):  # 魔法方法
        self.name = 'haha'  # 公有实例属性
        self.__sex = 'man'  # 私有实例属性

    def smile(self):  # 公有方法  self 指向实例对象
        pass

    def __jump(self):  # 私有方法
        pass

    @classmethod
    def run(cls):  # 类方法  cls 指向类对象
        pass

    @staticmethod
    def msg():  # 静态方法，可以没有参数
        pass
```

2) 类的继承

```python
class Parent(object):
    x = 1


class Child1(Parent):
```

```
            pass

    class Child2(Parent):
            pass


    print(Parent.x, Child1.x, Child2.x)
    Child1.x = 2
    print(Parent.x, Child1.x, Child2.x)
    Parent.x = 3
    print(Parent.x, Child1.x, Child2.x)
```
执行结果如下：
```
1 1 1
1 2 1
3 2 3
```

3）类的多态
```
    import abc

    class Animal(metaclass = abc.ABCMeta): ♯同一类事物：动物
    @abc.abstractmethod
    def talk(self):
            pass

    class cat(Animal): ♯动物的形态之一：猫
    def talk(self):
        print('say hello')

    class Dog(Animal): ♯动物的形态之二：狗
    def talk(self):
        print('say wangwang')

    class Pig(Animal): ♯动物的形态之三：猪
    def talk(self):
        print('say aoao')
```

4）抽象类和抽象方法
```
    ♯ coding：utf-8
    import abc

    ♯抽象类
    class StudentBase(object):
```

```
        __metaclass__ = abc.ABCMeta

        @abc.abstractmethod
        def study(self):
            pass

        def play(self):
            print("play")

    # 实现类
    class GoodStudent(StudentBase):
        def study(self):
            print("study hard!")


    if __name__ == '__main__':
        student = GoodStudent()
        student.study()
        student.play()
```

执行结果如下：

```
    study hard!
        play
```

3. 实验练习

（1）现有如下代码，会输出什么？

```
    class People(object):
        __name = "luffy"
        __age = 18
    p1 = People()
    print(p1.__name, p1.__age)
```

（2）现有如下代码，会输出什么？

```
    class People(object):
        def __init__(self):
            print("__init__")
        def __new__(cls, *args, **kwargs):
            print("__new__")
            return object.__new__(cls, *args, **kwargs)


    People()
```

实验 6-7　Python 模块和文件

1．实验目的与要求

（1）了解什么是模块。

（2）创建和使用模块。

（3）了解 I/O 编程的基本含义。

（4）学习文件的基本方法。

2．实验内容

1）常用的 sys 命令

sys 命令为标准自带模块，不需要安装。

sys. argv 命令行参数 List，第一个元素是程序本身路径。

sys. getdefaultencoding()：获取系统当前编码，一般默认为 ASCII。

sys. setdefaultencoding()：设置系统默认编码，执行 dir(sys)时不会看到这个方法，若在解释器中执行不通过，可以先执行 reload(sys)，再执行 setdefaultencoding(' utf8 ')，此时将系统默认编码设置为 utf8。

sys. getfilesystemencoding()：获取文件系统使用编码方式，Windows 系统中返回"mbcs"，Mac 系统中返回"utf-8"。

sys. modules. keys()：返回所有已经导入的模块列表。

sys. exc_info()：获取当前正在处理的异常类，而 exc_type、exc_value、exc_traceback 获取当前异常类的详细信息。

sys. exit(n)：退出程序，正常退出时 exit(0)。

sys. hexversion：获取 Python 解释程序的版本值，16 进制格式如 0x020403F0。

sys. version：获取 Python 解释程序的版本信息。

sys. maxint：最大的 Int 值。

sys. maxunicode：最大的 Unicode 值。

sys. modules：返回系统导入的模块字段，key 是模块名，value 是模块。

sys. path：返回模块的搜索路径，初始化时使用 PYTHONPATH 环境变量的值。

sys. platform：返回操作系统平台名称。

sys. stdout：标准输出。

sys. stdin：标准输入。

sys. stderr：错误输出。

sys. exc_clear()：用来清除当前线程所出现的当前的或最近的错误信息。

sys. exec_prefix：返回平台独立的 Python 文件安装的位置。

sys. byteorder：本地字节规则的指示器，big-endian 平台的值是"big"，little-endian 平台的值是"little"。

sys. copyright：记录与 Python 版权相关的东西。

sys. api_version：解释器的 C 的 API 版本。

2）常用的 platform 命令

platform. machine():平台架构。

platform. node():网络名称(主机名)。

platform. platform(aliased = 0,terse = 0):系统版本。

platform. system():系统名称。

platform. processor():处理器名称。

3)使用 random 模块

```
import random

print( random.randint(1,10) )        #产生 1 到 10 的一个整数型随机数
print( random.random() )             #产生 0 到 1 之间的随机浮点数
print( random.uniform(1.1,5.4) )     #产生 1.1 到 5.4 之间的随机
                                     #浮点数,区间可以不是整数
print( random.choice('tomorrow') )   #从序列中随机选取一个元素
print( random.randrange(1,100,2) )   #生成从 1 到 100 的间隔为 2 的随机整数

a = [1,3,5,6,7]                      #将序列 a 中的元素顺序打乱
random.shuffle(a)
print(a)
```

4)常用的 time 模块

time. localtime([secs]):将一个时间戳转换为当前时区的 struct_time. secs 参数未提供,则以当前时间为准。

time. gmtime([secs]):和 localtime()方法相似,gmtime()方法是将一个时间戳转换为 UTC 时区(0 时区)的 struct_time。

time. time():返回当前时间的时间戳。

time. mktime(t):将一个 struct_time 转换为时间戳。

time. sleep(secs):线程推迟指定的时间运行,单位为秒。

time. asctime([t]):把一个表示时间的元组或者 struct_time 表示为'Sun Oct 1 12:04:38 2017'的形式。如果没有参数,将 time. localtime()作为参数传入。

time. ctime([secs]):把一个时间戳(按秒计算的浮点数)转化为 time. asctime()形式。如果参数未给或者参数为 None,将会默认 time. time()为参数。它的作用相当于 time. asctime(time. localtime())。

time_strftime(format[,t]):把一个代表时间的元组或者 struct_time(如由 time. localtime()和 time. gmtime()返回)转化为格式化的时间字符串。如 t 未指定,将传入 time. localtime()。

5)使用 input()和 print(_)函数

```
name = input('Please input your name:')
print('hello',name)

>>> print(100)
```

```
100
>>> print(100 + 300)
400
```

6) 使用文件操作的相关函数

```
# 文件的写入
# 例1:
fp = open("test.txt",mode = "wb")
strvar = "好晴朗"
res = strvar.encode("utf-8")
fp.write(res)
fp.close()
# 如果没有 test.txt 文件,会自助创建一个并把"好晴朗"写入该文件中


# 文件的读取
# 例2:
fp = open("test.txt",mode = "rb")
# 读取文件
res = fp.read()
fp.close()
print(res)
res2 = res.decode("utf-8")
print(res2)
# 因为例1写入:"好晴朗",所以输出的内容分别是没有解码的"好晴朗"的二进制
流和解码后的内容


# 复制图片
# 例3:
# 打开文件
fp = open("ceshi.png",mode = "rb")
# 读取文件
res = fp.read()
# 关闭文件
fp.close()


# 打开文件
fp = open("ceshi2.png",mode = "wb")
# 写入文件
fp.write(res)
# 关闭文件
```

```
        fp.close()
```

3．实验练习

（1）下边只有一种方式不能打开文件，请问是哪一种，为什么？

```
>>> f = open('E:/test.txt','w')    # A
>>> f = open('E:\test.txt','w')    # B
>>> f = open('E://test.txt','w')   # C
>>> f = open('E:\\test.txt','w')   # D
```

（2）编写一个程序，统计当前目录下每种文件类型的文件数。

实验 6-8　Python 网络爬虫与信息提取

1．实验目的与要求

（1）了解利用 Python 语言爬取网络数据并提取关键信息的技术和方法。

（2）学习和掌握定向网络数据爬取和网页解析的基本能力。

（3）了解 Python 中优秀的网络数据爬取和解析技术。

2．实验内容

（1）Python 第三方库 Requests，是通过 HTTP/HTTPS 协议自动从互联网获取数据并向其提交请求的方法。

（2）Robots 协议，即网络爬虫排除标准，是礼貌合法获取信息的规范。

（3）Python 第三方库 Beautiful Soup，是从所爬取 HTML 页面中解析完整 Web 信息的方法。

（4）Python 标准库 Re，是从所爬取 HTML 页面中提取关键信息的方法。

3．实验练习

在这里向大家推荐一个免费的爬虫学习网站：

https://github.com/wistbean/learn_python3_spider。

1）当当网五星好评书籍的前 500

（1）首先我们要对我们的目标网站进行分析，打开这个书籍排行榜的地址 http://bang.dangdang.com/books/fivestars/01.00.00.00.00.00-recent30-0-0-1-1，我们可以看到这样一个网页，如图 6-10 所示。

每一页显示 20 本书，当我们单击"下一页"的时候，会发现地址变了。http://bang.dangdang.com/books/fivestars/01.00.00.00.00.00-recent30-0-0-1-2。也就是我们翻页的时候，链接地址的最后一个参数会跟着改变。那么我们可以用 Python 中的一个变量来获取不同页数的内容。

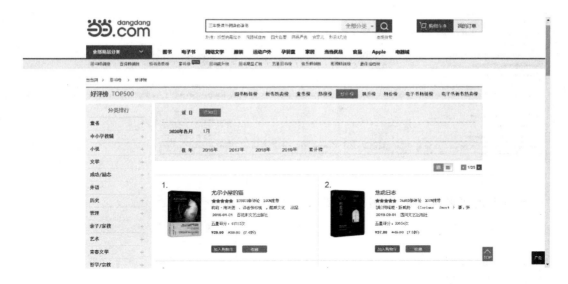

图 6-10　当当网

（2）我们用浏览器来分析一下我们要的内容是如何请求的，以及返回给我们的源代码是什么样的。这里用到了 F12 开发者工具。

我们通过 GET 请求，如图 6-11 所示。

图 6-11　GET 请求

我们的请求头，如图 6-12 和图 6-13 所示。

图 6-12　请求头

```
▾Request Headers    view source
Accept: text/html,application/xhtml+xml,application/xml;q=0.9,image/webp,image/apng,*/*;q=0.8
Accept-Encoding: gzip, deflate
Accept-Language: zh-CN,zh;q=0.9
Cache-Control: no-cache
Connection: keep-alive
Cookie: ddscreen=2; __permanent_id=20200210094250233376360729949639484; ddscreen=2; dest_area=country_id%3D9000%26province_id%3D111%26city_id%3D1%26district_id%3D1110101%
8DE8C0-5C34-3AC6-9841-2E0FC84B41A8; nTalk_CACHE_DATA={uid:dd_1000_ISME9754_guest538DE8C0-5C34-3A,tid:1581320751178301}; __rpm=%7C...1581321000438; producthistoryid=27939
DNT: 1
Host: bang.dangdang.com
Pragma: no-cache
Upgrade-Insecure-Requests: 1
User-Agent: Mozilla/5.0 (Windows NT 10.0; WOW64) AppleWebKit/537.36 (KHTML, like Gecko) Chrome/69.0.3497.100 Safari/537.36
```

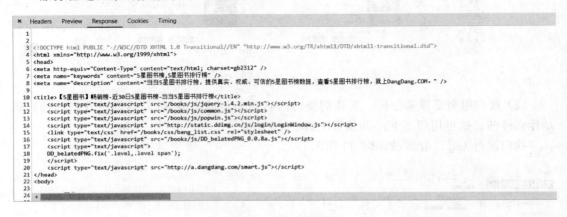

图 6-13　User-Agent 用户代理

服务器返回来的数据，如图 6-14 所示。

```
× Headers  Preview  Response  Cookies  Timing


<!DOCTYPE html PUBLIC "-//W3C//DTD XHTML 1.0 Transitional//EN" "http://www.w3.org/TR/xhtml1/DTD/xhtml1-transitional.dtd">
<html xmlns="http://www.w3.org/1999/xhtml">
<head>
<meta http-equiv="Content-Type" content="text/html; charset=gb2312" />
<meta name="keywords" content="5星图书榜,5星图书排行榜" />
<meta name="description" content="当当5星图书排行榜，提供真实、权威、可信的5星图书榜数据，查看5星图书排行榜，就上DangDang.COM。" />

<title>【5星图书】畅销榜-近30日5星图书榜-当当5星图书排行榜</title>
    <script type="text/javascript" src="/books/js/jquery-1.4.2.min.js"></script>
    <script type="text/javascript" src="/books/js/common.js"></script>
    <script type="text/javascript" src="/books/js/popwin.js"></script>
    <script type="text/javascript" src="http://static.ddimg.cn/js/login/LoginWindow.js"></script>
    <link type="text/css" href="/books/css/bang_list.css" rel="stylesheet" />
    <script type="text/javascript" src="/books/js/DD_belatedPNG_0.0.8a.js"></script>
    <script type="text/javascript">
    DD_belatedPNG.fix('.level,.level span');
    </script>
    <script type="text/javascript" src="http://a.dangdang.com/smart.js"></script>
</head>
<body>
```

图 6-14　服务器数据

（3）接着我们再来分析一下我们要抓取的关键信息，如图 6-15 所示。

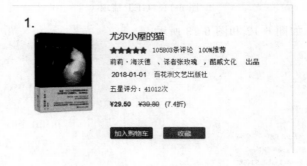

图 6-15　所需数据

我们要的就是排名前 500 的书的“排名”“书名”“图片地址”“作者”“推荐指数”“五星评分次数”“价格”等参数，这些信息都是可以通过源码获得的，它们被放在了 <li> 标签中，如图 6-16 所示。

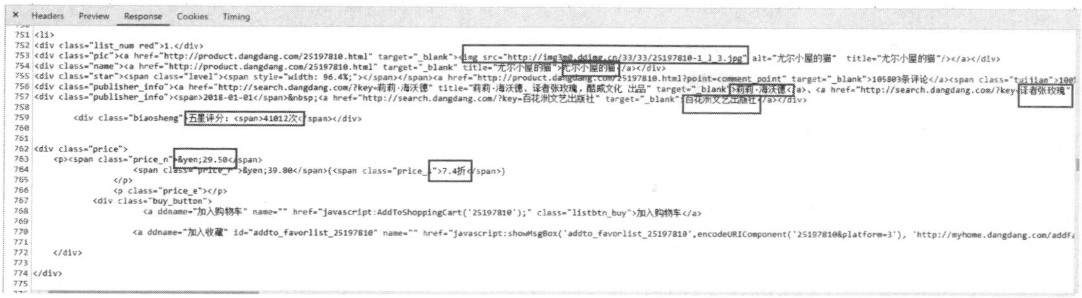

图 6-16 抓包数据的分析

（4）我们使用 requests 请求当当网，然后将返回的 HTML 进行正则解析，最后把解析完之后的内容存到文件中。

源码如下：

```python
import requests
import re
import json


def main(page):
    url = 'http://bang.dangdang.com/books/fivestars/01.00.00.00.00.00-recent30-0-0-1-' + str(page)
    html = request_dandan(url)
    items = parse_result(html)       # 解析过滤我们想要的信息

    for item in items:
        write_item_to_file(item)


def request_dandan(url):
    try:
        response = requests.get(url)
        if response.status_code == 200:
            return response.text
    except requests.RequestException:
        return None


def parse_result(html):
    pattern = re.compile('<li>.*?list_num.*?(\d+).</div>.*?<img src="(.*?)".*?class="name".*?title="(.*?)">.*?class="star">.*?class="tuijian">(.*?)</span>.*?class="publisher_info">.*?target="_blank">(.*?)</a>.*?class="biaosheng">.
```

133

```
* ? < span >(. * ?)</span ></div >. * ? < p >< span \sclass = "price_n"> &yen;(.
* ?)</span >. * ? </li >',re.S)
        items = re.findall(pattern,html)
    for item in items:
        yield {
            'range': item[0],
            'iamge': item[1],
            'title': item[2],
            'recommend': item[3],
            'author': item[4],
            'times': item[5],
            'price': item[6]
        }


def write_item_to_file(item):
    print('开始写入数据 ====>' + str(item))
    with open('book.txt', 'a', encoding='UTF-8') as f:
        f.write(json.dumps(item, ensure_ascii=False) + '\n')
        f.close()


if __name__ == "__main__":
    for i in range(1,26):
        main(i)
```

运行结果如图 6-17 所示。

开始写入数据 ====> {'range': '1', 'iamge': 'http://img3m0.ddimg.cn/33/33/25197810-1_l_3.jpg', 'title': '尤尔小屋的猫', 'recommend': '100%推荐', 'author': '莉莉·海沃德', 'times': '41012次', 'price': '29.50'}
开始写入数据 ====> {'range': '2', 'iamge': 'http://img3m1.ddimg.cn/20/26/27939503-1_l_3.jpg', 'title': '焦虑日志', 'recommend': '100%推荐', 'author': '柯瑞妮·斯威特', 'times': '30054次', 'price': '37.80'}
开始写入数据 ====> {'range': '3', 'iamge': 'http://img3m1.ddimg.cn/86/2/25546541-1_l_9.jpg', 'title': '空间简史(教育部推荐读物,与《时间简史》《人类简史》《未来简史》并称"四大简史")', 'recommend': '100%推荐', 'author': '托马斯·马卡卡罗', 'times': '28618次', 'price': '30.20'}
开始写入数据 ====> {'range': '4', 'iamge': 'http://img3m9.ddimg.cn/21/27/28470639-1_l_5.jpg', 'title': '自游知州全攻略', 'recommend': '100%推荐', 'author': '李·福斯特', 'times': '26293次', 'price': '34.50'}
开始写入数据 ====> {'range': '5', 'iamge': 'http://img3m4.ddimg.cn/85/21/27889474-1_l_2.jpg', 'title': '养成良好习惯,高效管理时间', 'recommend': '100%推荐', 'author': '杰米·希尔', 'times': '22633次', 'price': '25.20'}
开始写入数据 ====> {'range': '6', 'iamge': 'http://img3m5.ddimg.cn/64/16/25110325-1_l_3.jpg', 'title': '守护故事的人(一部与《杀死一只知更鸟》相同深度和力量的作品)', 'recommend': '100%推荐', 'author': '丽萨·温格特', 'times': '19348次', 'price': '32.10'}
开始写入数据 ====> {'range': '7', 'iamge': 'http://img3m3.ddimg.cn/93/36/27869583-1_l_2.jpg', 'title': '向上管理·与你的领导相互成就', 'recommend': '100%推荐', 'author': '鹭雨', 'times': '27936次', 'price': '19.90'}
开始写入数据 ====> {'range': '8', 'iamge': 'http://img3m5.ddimg.cn/96/20/25277865-1_l_3.jpg', 'title': '上帝怀中的羔羊,美国普利策文学奖、法国费米娜文学奖获奖作品', 'recommend': '100%推荐', 'author': '凯瑟琳·米勒', 'times': '15474次', 'price': '29.50'}
开始写入数据 ====> {'range': '9', 'iamge': 'http://img3m8.ddimg.cn/53/8/27898748_1_l_1.jpg', 'title': '给青年的十二封信', 'recommend': '100%推荐', 'author': '朱光潜', 'times': '21748次', 'price': '25.80'}

图 6-17　运行结果

2）爬取豆瓣最受欢迎的 250 部电影

步骤与 1）类似，以下为源码，读者可自行练习。

```
import requests
import bs4
```

```python
import re


def open_url(url):
    # 使用代理
    # proxies = {"http": "127.0.0.1:1080", "https": "127.0.0.1:1080"}
    headers = {'user-agent': 'Mozilla/5.0 (Windows NT 10.0; WOW64) AppleWebKit/537.36 '
               '(KHTML, like Gecko) Chrome/69.0.3497.100 Safari/537.36 QIHU 360EE'
               }

    # res = requests.get(url, headers = headers, proxies = proxies)
    res = requests.get(url, headers = headers)

    return res


def find_movies(res):
    soup = bs4.BeautifulSoup(res.text, 'html.parser')

    # 电影名
    movies = []
    targets = soup.find_all("div", class_ = "hd")
    for each in targets:
        movies.append(each.a.span.text)

    # 评分
    ranks = []
    targets = soup.find_all("span", class_ = "rating_num")
    for each in targets:
        ranks.append('评分: %s' % each.text)

    # 资料
    messages = []
    targets = soup.find_all("div", class_ = "bd")
    for each in targets:
        try:
            messages.append(each.p.text.split('\n')[1].strip() + each.p.text.split('\n')[2].strip())
        except:
            continue
```

```
        result = []
        length = len(movies)
        for i in range(length):
            result.append(movies[i] + ranks[i] + messages[i] + '\n')

        return result
```

```
#找出一共有多少个页面
def find_depth(res):
    soup = bs4.BeautifulSoup(res.text, 'html.parser')
    depth = soup.find('span', class_='next').previous_sibling.previous_
sibling.text

    return int(depth)


def main():
    host = "https://movie.douban.com/top250"
    res = open_url(host)
    depth = find_depth(res)

    result = []
    for i in range(depth):
        url = host + '/? start =' + str(25 * i)
        res = open_url(url)
        result.extend(find_movies(res))

    with open("豆瓣TOP250电影.txt", "w", encoding = "utf-8") as f:
        for each in result:
            f.write(each)


if __name__ == "__main__":
    main()
```

实验 6-9　Python 人工智能实践

1. 实验目的与要求

（1）了解人工智能的相关概念。

（2）学习人工智能的一些简单算法。

2．实验内容

K-最近邻(kNN，k-NearestNeighbor)分类算法

(1) 数据准备

Social_Networt_Ads

https://raw.githubusercontent.com/MLEveryday/100-Days-Of-ML-Code/master/datasets/

Social_Network_Ads.csv

(2) 数据集处理

```
#导入相关库
import numpy as np
import matplotlib.pyplot as plt
import pandas as pd


#导入数据集
dataset = pd.read_csv('Social_Network_Ads.csv')
X = dataset.iloc[:, [2, 3]].values
y = dataset.iloc[:, 4].values


#划分训练集和测试集
from sklearn.model_selection import train_test_split
X_train, X_test, y_train, y_test = train_test_split(X, y, test_size = 0.
25, random_state = 0)


#特征缩放
from sklearn.preprocessing import StandardScaler
sc = StandardScaler()
X_train = sc.fit_transform(X_train)
X_test = sc.transform(X_test)


(3) 训练预测
#使用 k-NN 对训练集数据进行训练
from sklearn.neighbors import KNeighborsClassifier
classifier = KNeighborsClassifier(n_neighbors = 5, metric = 'minkowski', p = 2)
classifier.fit(X_train, y_train)


#对测试集进行预测
y_pred = classifier.predict(X_test)
from sklearn.metrics import confusion_matrix
cm = confusion_matrix(y_test, y_pred)
```

3. 实验练习

泰坦尼克号遇难人数预测是机器学习中经典的分类模型问题,通过构造模型分析乘客的存活是随机的还是存在一定的规律。

（1）首先我们先去 Kaggle 官网上下载已有的乘客信息,即 train.csv、test.csv、gender_submission.csv 数据集。

先对给定的数据集进行分析,根据常识,去除掉所给无用的特征。比如编号、乘客姓名、船票号。另外,给定的数据集中存在个别数据缺失的问题,我们对缺失数据赋予此特征在所有样本中的均值,对于 cabin 号,由于只有极个别样本中有这个特征,因此,我们不考虑这个特征。接下来展示使用随机森林进行预测的详细过程。

（2）进行数据处理。

```
import csv    ＃加载读取 csv 文件的库
import numpy as np
filename = 'F:/train.csv'
with open(filename) as f:
    reader = csv.reader(f)
    train_data = [row[2:] for row in reader] ＃第一列是序列号,第二列为标签,
因此训练数据选择第二列以后的数据
    train_data.pop(0)    ＃删除掉第一行(标题行)
with open(filename) as f:
    reader = csv.reader(f)
    train_label = [row[1] for row in reader] ＃第二列是训练标签
    train_label.pop(0)
filename = 'F:/test.csv'
with open(filename) as f:
    reader = csv.reader(f)
    test_data = [row[1:] for row in reader] ＃测试集第一列是序列号,第二列以
后为数据集
    test_data.pop(0)
filename = 'F:/gender_submission.csv'
with open(filename) as f:
    reader = csv.reader(f)
    test_label = [row[1] for row in reader] ＃测试数据集标签
    test_label.pop(0)
train_data = np.array(train_data)
test_data = np.array(test_data)
train_1 = np.delete(train_data,[1,6,8],axis = 1)
test_1 = np.delete(test_data,[1,6,8],axis = 1)
```

（3）从数据集中剔除无用特征。

```
train_data = np.array(train_data)    ＃把数据集从 list 格式转换为矩阵
```

```
test_data = np.array(test_data)
train_1 = np.delete(train_data,[1,6,8],axis = 1)  # 删除"姓名""船票号""船
舱号"这些列
test_1 = np.delete(test_data,[1,6,8],axis = 1)
```

（4）缺失值以及非数值数据处理：数据集中年龄和旅费有缺失值，求得训练样本中这两特征的均值，赋给缺失值。

```
age = []
for i in range(train_1.shape[0]):
    if (train_1[i][2]! = ''):
        age.append(np.float(train_1[i][2]))
ave_age = int(sum(age)/len(age))
    fare = []
for i in range(train_1.shape[0]):
    if (train_1[i][-2]! = ''):
        fare.append(np.float(train_1[i][-2]))
ave_fare = float(sum(fare)/len(fare))
for i in range(test_1.shape[0]):
    if test_1[i][1] == 'male':
        test_1[i][1] = 0
    if test_1[i][1] == 'female':
        test_1[i][1] = 1
    if test_1[i][-1] == 'S':
        test_1[i][-1] = 0
    if test_1[i][-1] == 'C':
        test_1[i][-1] = 1
    if test_1[i][-1] == 'Q':
        test_1[i][-1] = 2
    if test_1[i][-1] == '':
        test_1[i][-1] = 0
    if test_1[i][2] == '':
        test_1[i][2] = average
    if test_1[i][-2] == '':
        test_1[i][-2] = ave_fare
for i in range(train_1.shape[0]):
    if train_1[i][1] == 'male':  # 男性取 0,女性取 1
        train_1[i][1] = 0
    if train_1[i][1] == 'female':
        train_1[i][1] = 1
    if train_1[i][-1] == 'S':  # 3 个码头编号为 0,1,2
```

```
        train_1[i][-1] = 0
    if train_1[i][-1] == 'C':
        train_1[i][-1] = 1
    if train_1[i][-1] == 'Q':
        train_1[i][-1] = 2
    if train_1[i][-1] == '':  # 缺失值
        train_1[i][-1] = 0
    if train_1[i][2] == '':  # 年龄缺失, 赋给均值
        train_1[i][2] = ave_age
```

经过以上的数据处理, 训练数据已经成为有 7 个特征的数据集。

（5）接下来我们就可以构造分类器了。首先使用随机森林进行分类。参数值采用 sklearn 中的默认值。

```
from sklearn.metrics import confusion_matrix, classification_report
import matplotlib.pyplot as plt
from sklearn.ensemble import RandomForestClassifier   # 引入随机森林分类器
from sklearn.datasets import make_classification
clf = RandomForestClassifier()
clf.fit(train_1, train_label)   # 训练分类器
print(clf.feature_importances_)   # 输出每个特征的重要程度
pre_test = clf.predict(test_1)   # 预测结果
print(confusion_matrix(test_label, pre_test))   # 输出预测结果的混淆矩阵
print(classification_report(test_label, pre_test))   # 打印分类报告
```

输出结果如下：

```
[ 0.08066779  0.25796976  0.2639614   0.04288317  0.04141898
  0.28226798  0.03083093]
[[231  35]
 [ 41 111]]
```

	precision	recall	f1-score	support
0	0.85	0.87	0.86	266
1	0.76	0.73	0.74	152
avg / total	0.82	0.82	0.82	41

（6）我们得到的分类器对样本预测的正确率达到 82%。如果进一步调节分类器参数, 相信能取得更好的效果。下面使用支持向量机 SVM 进行分类预测。

```
from sklearn import svm
clf = svm.SVC(decision_function_shape = 'ovo', C = 20, gamma = 0.001)  # 其中
C 和 gamma 的取值经过了多次试验, 取得一个分类效果比较好的数值。
clf.fit(train_1, train_label)
svm_pre_test = clf.predict(test_1)
print(confusion_matrix(test_label, svm_pre_test))
```

```
print(classification_report(test_label,svm_pre_test))
```

结果如下：

[[227   39]

[13 139]]

	precision	recall	f1-score	support
0	0.95	0.85	0.90	266
1	0.78	0.91	0.84	152
avg / total	0.89	0.88	0.88	418

使用 svm 经过调参，分类正确率可以达到 89%。至此大致完成了对泰坦尼克号遇难人数的预测，虽然这个模型不是最优模型，我们相信对于数据处理还有更好的办法，有兴趣的同学可以课下尝试一下。

参 考 文 献

[1] 潘卫华,张丽静,王红,等. 大学计算机基础实训 [M]. 北京:中国电力出版社,2009.
[2] 潘卫华,张丽静,张峰奇,等. 大学计算机基础 [M]. 北京:人民邮电出版社,2015.
[3] 姜薇,张艳. 大学计算机基础实验教程 [M]. 徐州:中国矿业大学出版社,2008.
[4] 李秀,安颖莲,田荣牌,等. 计算机文化基础上机指导 [M]. 5 版.北京:清华大学出版社,2005.
[5] 詹国华. 大学计算机应用基础实验教程[M].2 版.北京:清华大学出版社,2009.
[6] 姜薇,张艳. 大学计算机基础教程 [M]. 徐州:中国矿业大学出版社,2008.
[7] 姜薇,张艳. 大学计算机基础实验教程 [M]. 徐州:中国矿业大学出版社,2008.
[8] DOWNEY A B. Think Python：How to Think Like a Computer Scientist[M]. Cambridge：O'Reilly Media，2015.